空调工程智能化施工与运行管理

主　编　柳　萍

副主编　吴　坤　郝明慧　李爱艳　李　英

参　编　高　翔　郑文韬　柳殿彬　肖伟涛

北京理工大学出版社

BEIJING INSTITUTE OF TECHNOLOGY PRESS

图书在版编目（ＣＩＰ）数据

空调工程智能化施工与运行管理／柳萍主编. -- 北京：北京理工大学出版社，2023.10
　　ISBN 978-7-5763-2978-0

Ⅰ.①空⋯　Ⅱ.①柳⋯　Ⅲ.①智能技术-应用-采暖设备-建筑安装工程-工程施工②空气调节设备-设备管理　Ⅳ.①TU83

中国国家版本馆 CIP 数据核字（2023）第 196439 号

责任编辑：封　雪　　　　文案编辑：封　雪
责任校对：周瑞红　　　　责任印制：李志强

出版发行／北京理工大学出版社有限责任公司
社　　址／北京市丰台区四合庄路 6 号
邮　　编／100070
电　　话／（010）68914026（教材售后服务热线）
　　　　　　（010）68944437（课件资源服务热线）
网　　址／http：//www.bitpress.com.cn

版 印 次／2023 年 10 月第 1 版第 1 次印刷
印　　刷／三河市天利华印刷装订有限公司
开　　本／787 mm×1092 mm　1/16
印　　张／13.5
字　　数／311 千字
定　　价／79.00 元

前　　言

在碳达峰、碳中和纳入生态文明建设整体布局的背景下，绿色建筑随之上升到国家战略，空调绿色施工也迎来新的发展机遇。为实现节能减排，确保绿色理念从施工管理到运行维护全寿命全方位贯彻，必须将互联网、大数据等智能化手段与空调施工及运行管理进行主动适应、积极调整、深度融合，并不断进行创新、发展，用"智慧"赋能空调施工与运行管理升级，走低碳环保、集约高效的绿色发展之路。

为贯彻落实党的二十大精神，本书遵循岗位需求和从业特点，对接 1+X 制冷空调系统安装与维修职业技能等级证书、制冷与空调设备运行操作作业上岗证和制冷与空调设备安装修理作业上岗证要求，并融入世界技能大赛制冷与空调赛项的技术标准，基于制冷与空调工程施工员、制冷与空调系统调试及运行管理员岗位典型工作任务，依据新版《通风与空调工程施工质量验收规范》，校企共同开发。

整个教学资源包按照工作任务设定场景并分成了理论学习、任务实施、测试、拓展等部分，构成立体式的学习方式。针对本课程内容特点，以"内容项目化变革教学组织、资源信息化降低教学难度、案例应用化强化职业素养、校企协同化厚植制冷情怀"为指导思路，按照空调工程生命全周期设计教学任务，从简单到复杂，对课程内容进行解构重构，设计多联机空调施工与运行管理、全空气空调系统施工与运行管理、空气-水空调系统施工与运行管理、BIM 智能化施工技术应用四大教学项目。

本书的编写结合了专业发展实际和区域产业行业特点，充分发挥"校企共育、思专共研"的优势，挖掘每个任务所蕴含的思政元素，形成模块化思政元素库，构建"协同·情境·浸润"为典型特征的思政新模式，做到价值塑造、知识传授和能力培养同向同行，培养具有环保理念、工匠精神、创新精神和团队精神的新时代空调工程施工与维护的技能型人才。

本书由烟台职业学院柳萍担任主编，吴坤、郝明慧、李爱艳、李英担任副主编，高翔、郑文韬、柳殿彬、肖伟涛参编。编写的具体分工：项目一、项目二由柳萍编写；项目三由吴坤、李爱艳编写；项目四由郝明慧编写，李英、高翔、郑文韬参与了微课等相关配套资源的制作，柳殿彬、肖伟涛两位企业工程师为本书提供了丰富的企业案例。烟台环境尚品工程有限公司、国家能源集团新能源技术研究院有限公司的工程技术人员对本书的编写提供了很多宝贵的意见和建议，同时在编写过程中参考了多位同行老师的著作及资料，在此表示衷心感谢。全书由柳萍负责统稿和修改。

由于编者水平所限，书中难免存在疏漏和不足之处，恳请广大读者批评指正。

编　者

课程思政建设方案

任务名称	知识点名称	教学目标	融入方式（可选）	二维码
别墅类空调智能化施工与运行管理	多联机施工准备	多联机定义及结构	介绍多联机结构类型时，引入民族品牌格力多联机系统，增强学生的民族自豪感以及专业的认同感	
	室内机分类及特点	室内机分类及特点	根据不同室内机的特点，合理确定施工方案，已达到最佳的制冷效果	
	室内机安装流程及施工要点	室内机安装位置选择及安装技术要点	讲解室内机安装要点时，给出规范要求，树立严守规范的意识	
	室外机的安装	室外机安装位置的选择及施工要点	讲到室外机安装时，强调安全注意事项，培养安全意识	
	喇叭口制作	管路制作要点及制作工具的使用	管路的质量影响到整个系统的稳定性和制冷效果，树立精益求精的工匠精神	
	弯管制作	洛克环连接技术要点	介绍洛克环连接新技术，激励学生发扬不断创新、攻克难关的精神	
	多联机故障分析	加装冷媒的操作步骤及冷媒量计算	将空调运行控制的稳定性与国家社会的稳定作类比	

课程思政建设方案

任务名称	知识点名称	教学目标	融入方式（可选）	二维码
别墅类空调施工智能化施工与运行管理	多联机冷媒追加	多联机故障分析	引入温控器事故案例，让学生理解严把质量关的重要性	
	全空气系统简介	全空气系统分类及适用场合	介绍全空气系统种类时，引发学生对系统选择的思考，培养专业素养	
	图纸识读方法	空调系统图纸识读	小组分工合作，集思广益，培养学生的团队协作能力	
商场类空调系统施工与运行管理	冷水机组分类及特点	冷水机组分类及特点	讲解冰轮先进机组，培养学生的民族自豪感和创新意识	
	冷水机组安装工序及施工要点	冷水机组安装工序及施工要点	通过机组安装质量检验，激发学生工程质量安全的社会责任感，同时培养精益求精工匠精神	
	组合式空气处理机组的安装工艺	空气处理设备安装工艺	设备的每个安装技术要点对整个设备运行有重要影响	
	酚醛风管的制作	酚醛风管的施工流程及施工要点	通过切割刀具的使用，引导学生树立精益求精的工匠精神	

课程思政建设方案

任务名称	知识点名称	教学目标	融入方式（可选）	二维码
商场类空调智能化系统施工与运行管理	金属风管的制作	风管的安装流程及要点	讲到风管安装质量检验时，结合验收规范要求，讲解风管质量检验的方法和内容，培养学生严守标准保障质量的职业素养	
	风量的测定与调整	风量的测定方法	对照规范规定进行记录单纠错	
	空气-水空调系统简介	空气-水系统的形式	以某一实际工程的工程图纸	
办公楼空调空调智能化施工与运行管理	风机盘管结构及施工工艺	风机盘管结构及施工工艺	"三分质量，七分安装"每步施工工艺都至关重要	
	水系统管道施工工艺	水系统管道安装施工工艺	2003年美国哥伦比亚号航天飞机事件，是由航天飞机机外部燃料箱表面一块隔热材料脱落并击中航天飞机机翼造成破损引发的，安全无小事	
	空气-水系统调试	具体水系统调试方案	水系统调试步骤繁多，规范操作可以确保系统正常运行	

课程思政建设方案

任务名称	知识点名称	教学目标	融入方式（可选）	二维码
办公楼空调空调智能化施工与运行管理	系统的节能管理	系统的节能管理和操作技巧	空调系统在运行过程中有很多地方可以高效节能运行，需要了解这些节能点，并能够深挖节能改进点	
	施工场地布置	施工 BIM 场地布置原则，基本步骤	建筑行业 BIM 的出现把多个专业有效地融合到一起，不同专业之间的沟通合作至关重要，团队意识需要及早培养	
	BIM 模型建立	风管 DWG 图纸 Revit 自动翻模内容要点	通过风系统建模培养学生严谨细致的工作态度	
BIM 智能化施工技术应用	管线碰撞检查与调整优化	管线综合碰撞检查流程及操作	通过应用 Revit 软件进行管线碰撞检测及调整优化，培养学生应用创新性的信息化手段的意识	
	基于 BIM 的管道预制	BIM 施工进度模拟任务创建及设置	介绍"火神山医院"的 BIM 建设成就，使学生深刻领悟我国社会经济发展成果的体现，体会我国工程技术管理人员探索精神，拼搏精神和创造精神。	
	施工进度模拟	施工进度模拟	施工进度模拟	

目　　录

多联机空调施工与运行管理

✅ 项目描述

多联机中央空调是用户中央空调的一个类型，俗称"一拖多"，指的是一台室外机通过配管连接两台或两台以上室内机，室外侧采用风冷换热形式、室内侧采用直接蒸发换热形式的一次制冷剂空调系统，如图 1-1 所示。多联机系统目前在中小型建筑和部分公共建筑中得到日益广泛的应用。

由于变频多联式空调系统的室外机与室内机都没有固定的组合，所以每套空调系统都要根据客户使用要求、地域气候条件、所处现场的建筑结构等因素进行完整设计。没有设计图纸而进行的安装施工都是不允许的，应该杜绝。按图施工，是基本的施工要求。

（1）根据设计部门出具的施工图纸和编制的施工组织设计进行 VRV 中央空调系统施工。

（2）合理、科学地编制 VRV 中央空调系统调试方案，并根据调试方案对系统进行气密性试验、真空度试验和调试运转。调试完毕后，同设计指标和验收规范要求进行比较，若发现问题，提出恰当的改进措施。

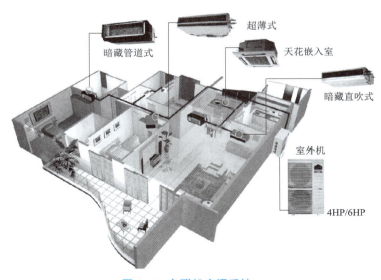

图 1-1　多联机空调系统

✅ 学习目标

（1）熟悉多联机空调施工前的准备工作内容。
（2）熟悉室内机和室外机的安装流程。
（3）掌握室内机和室外机的安装要求和安装要点，能够组织室外机和室内机安装。
（4）熟悉冷凝水管和冷媒配管的安装流程。
（5）掌握冷凝水管和冷媒配管的安装要点，能够组织冷凝水管和冷媒配管安装。
（6）熟悉多联机电气安装流程。
（7）掌握多联机电气系统安装要点。
（8）熟悉多联机调试运转的相关规定。
（9）掌握冷媒充注的要点。

✅ 工作流程

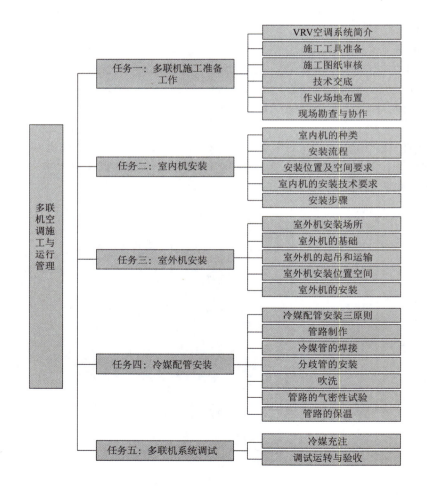

教学载体

以某办公楼多联机系统（图 1-2）为载体，介绍多联系空调系统的安装。

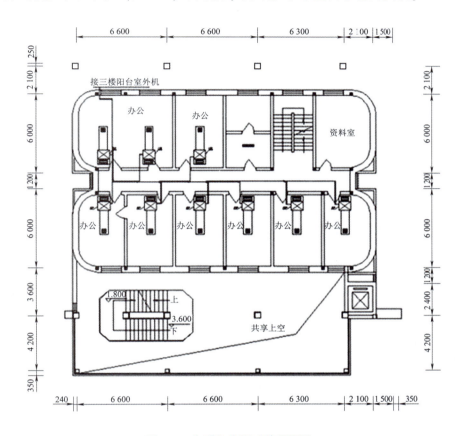

图 1-2　多联机空调系统平面图

任务一　多联机施工准备工作

学习目标

（1）了解多联机空调系统施工前准备工作的具体内容。

（2）能够有效收集相关技术经济信息与资料。

（3）能够对施工图进行识读与会审。

（4）能够根据工程特点，进行施工前的准备工作。

相关知识

一、VRV 空调系统简介

VRV 空调系统全称为 Variable Refrigerant Volume 系统，即变制冷剂流量系统。系统结构上类似于分体式空调机组，采用一台室外机对应一组室内机（一般可达 16 台）。控制技术上采用变频控制方式，按室内机开启的数量控制室外机内的涡旋式压缩机转速，进行制冷剂流量的控制。

VRV 空调系统与全空气系统、全水系统、空气-水系统相比，更能满足用户个性化的使用要求，设备占用的建筑空间比较小，而且更节能。正是由于这些特点，其更适合那些需经常独立加班使用的办公楼、别墅等建筑工程项目。

> ▶▶▶ **民族自豪感** ◀◀◀
>
> 从一个年产值不到 2 000 万的小厂到多元化、国际化的工业集团，30 多年间，格力坚持以习近平新时代中国特色社会主义思想为指引，不忘初心、牢记使命，坚守实体经济，坚持走自力更生、自主创新发展道路，加快实现管理信息化、生产自动化、产品智能化，现已发展成为多元化、科技型的全球工业制造集团，产业覆盖家用消费品和工业装备两大领域，产品远销 180 多个国家和地区。现有 35 项 "国际领先" 技术。

1. 多联机系统组成

多联机系统由室内机、室外机、冷媒管和控制系统组成。

（1）室内机。室内机种类繁多，应根据房间的负荷和风量以及房间装饰的要求，合理选择室内机的类型（图 1-1-1）。

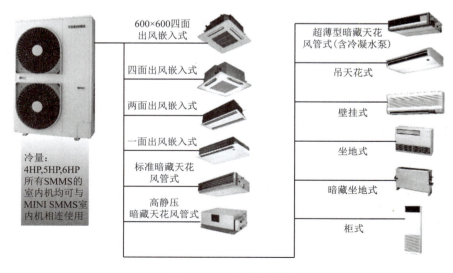

图 1-1-1　室内机类型

（2）室外机。室外机类型如图1-1-2所示。

图 1-1-2　室外机类型

（3）冷媒管道。室内机和室外机之间的连接管路包括：液体管线和气体管线。气管口径一般比液管的要粗。连接管路示意图如图1-1-3所示。

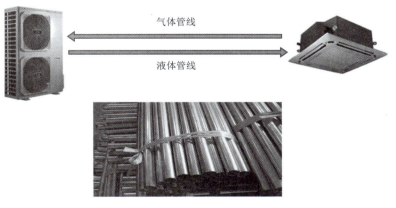

图 1-1-3　连接管路示意图

分歧管（图1-1-4）：空调分歧管就相当于水管的分叉头，用来分流冷媒。

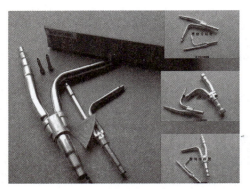 

图 1-1-4　分歧管

二、施工工具准备

　　要求工具齐全，型号标准符合安装及技术要求。仪器仪表经过检测或鉴定，量程及精度满足要求。施工工具准备如表 1-1-1 所示。部分施工工具图样如表 1-1-2 所示。

表 1-1-1　施工工具准备

序号	名称	规格、型号	序号	名称	规格、型号
1	切管器		14	电子秤	
2	钢锯		15	截止阀	
3	弯管器	弹簧、机械	16	温度计	
4	胀管器	根据管径规格	17	米尺	
5	扩口器	根据管径规格	18	螺丝刀	"－""+"型
6	钎焊工具	不同喷嘴大小	19	活动扳手	
7	刮刀		20	电阻测试仪	
8	锉刀		21	电笔	
9	充注导管		22	万用表	
10	双头压力表	4.0 MPa	23	减压阀	
11	压力表	3.5 MPa、5.3 MPa	24	切线钳	
12	真空表	−756 mmHg	25	压线钳	
13	真空泵	4 L/s 以上	26	内六角扳手	

表 1-1-2　部分施工工具图样

名称	图样	名称	图样	名称	图样
割管器		铰孔刀		锉刀、刮刀	

续表

名称	图样	名称	图样	名称	图样
扩口器		压力表		力矩扳手	
胀管器		加液管		真空泵	

三、施工图纸审核

（1）制冷系统管径、分歧管型号符合技术规定。

（2）冷凝水坡度、排放方式和保温做法。

（3）风管、风口做法，气流组织方式。

（4）电源线配置规格、型号及控制方式。

（5）控制线的做法、总长度及控制方式。

四、技术交底

多联机空调系统的安装质量对其运行好坏至关重要，所以制定安装规范并遵照执行，是非常重要的。

工程施工人员应严格按照施工图施工，如需修改应征得设计及监理（业主）认可，并形成书面文件即设计变更记录。

应按设计要求选用国标图集和其他技术资料，同时对于设备及配件的生产厂家"产品说明书"中的型号规格、尺寸进行核对；参考土建图复核施工图与建施图上柱、地面、楼面、墙面、屋面的预留洞、预埋铁及设备基础和支吊架位置等主要尺寸；参考其他专业安装施工图，施工图中的管道走向、坐标与通风空调系统之间的交叉配合等，应综合校核，在各类管道密集处应绘出管线平面综合布置图。

五、作业场地布置

加工场地：现场应有空旷的成品堆放场地，便于运输，场地道路应畅通，通风应良好，并应设置必要的消防器材，场地应保持清洁，坚持文明施工。

材料的堆放和保管：各种材料应按品种、规格堆放整齐，方便领料、施工。

施工机具的准备：按施工机具计划准备加工、装配、安装等施工机具，使用前应认真熟悉其机械构造、性能、用途和操作方法，并有专人保管，制定定期检查制度，以方便施工。

六、现场勘查与协作

1. 现场勘查

施工开始前，进行施工现场勘查，复核以下内容：

（1）室外机基础是否需要重新预制。

（2）室内机位置确定。

（3）冷媒管道路线是否与设计图纸相符。

（4）冷凝水管道路线是否与设计图纸相符。

（5）电源和控制配电线管、线槽路线是否与设计相符。

（6）送、回风风管、风口位置确定。

2. 施工协作

安装施工应按照规定的程序进行，并与土建、装潢、水电等专业工种互相配合，空调、电气、给排水、消防、装饰等各专业应相互协调，精心组织。

在多联机中央空调工程的安装结束后，装潢工程开始时，应进行一次隐蔽工程验收。需要空调安装负责人、装潢施工负责人、业主与监理人员一起验收及认可签字。

3. 碰管原则

空调各管道尽量沿梁底敷设，如管道在同一标高相碰时，按以下原则处理：

（1）保证重力管，排水管、风管和压力管让重力管。

（2）保证风管，小管让大管。

 **知识拓展**

变频变容技术——创新意识、环保理念

变频变容技术，能够降低最小输出，提升低负荷效率。最小制冷量低至额定制冷量的5%，比常规多联机降低了42%，且此时能效可达3.55，在负荷率为10%时能效达4.25，比常规多联机提升130%，实现"用电省一半"（相关数据及结论依照中国国内标准），用科技节约能源，实现绿色发展。

学习任务单

填空题

1. 施工图纸会审必须在以下各部门共同参与下进行：设计人员、_____，土建、装潢、水电各专业工种等。

2. 施工图纸必须是经过设计单位、_____最后共同签字确认的。

3. 工程施工人员应严格按照施工图施工，如需修改，应征得设计及_____认可，并形成书面文件即设计变更记录。

4. 对多联机空调系统安装过程，合理地编制和认真贯彻_____，是保证施工顺利进行，缩短工期、确保工程质量和提高经济效益的重要措施。

任务实施过程

一、了解多联机系统组成

根据教师讲解，结合图 1-1-5 中的流程，将系统各部分的名称补充完整。

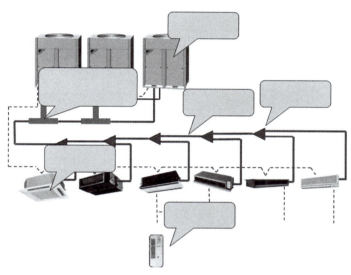

图 1-1-5　多联机系统流程

二、准备施工工具

在多联机安装过程中，需要用到割管器、弯管器、扩管器、双表阀、真空泵等工具，根据任务实际需求，列出所需设备的名称、数量和型号，并查阅相关资料，了解它们的特点和用法，将表 1-1-3 和表 1-1-4 补充完整。

表 1-1-3　所需工具

名称	规格	单位	数量	备注

表 1-1-4　主要工具

工具				
名称				
用途				
选用原则				
用前检查要点				
选择型号方法				
使用方法及注意事项				

三、施工图纸审核

阅读设计图样，建议同时校核该设计是否符合生产厂家的主要技术要求，主要技术要求一般有：

（1）室内机之间高差不能超过 15 m。

（2）单程管长不能超过 150 m；配管总长不能超过 300 m。

（3）系统中室外机连接容量不能超过 130%；对同时运行可能性很大的办公楼等公共场所，系统连接容量不要超过 110%。

（4）室外机与室内机之间高差不大于 50 m。

（5）室外机之间高差不大于 5 m。

多联机安装示意图如图 1-1-6 所示。

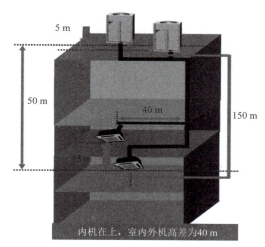

图 1-1-6　多联机安装示意图

结合本项目的施工图纸，按照上述技术要求进行图纸会审，并填写施工图纸会审记录。

考核评价

学生完成学习情境的成绩评定将按学生自评、小组互评、教师评价三阶段进行，并按学生自评占 20%，小组互评占 30%，教师评价占 50% 作为学生综合评价结果。

考核项目	评分标准	分数	学生自评	小组互评	教师评价	小计
团队合作	与小组成员、同学之间能合作交流、协调工作	5				
信息咨询	效果良好	5				
安全生产	无安全隐患	10				
现场 7S	做到	10				
操作过程	任务完成	60				
劳动纪律	严格遵守	5				
创新意识	创新点	5				
总分	合计 100 分			得分		
教师签字：				年　　　月　　　日		

11

施工图纸会审记录

工程名称				共　页　第　页	
会审地点		记录整理人		日期	
参加人员	建设单位：				
	设计单位：				
	监理单位：				
	施工单位：				
序号	图纸编号	提出图纸问题		图纸修订意见	
1					
2					
3					
4					
5					
建设单位： 年　月　日	设计单位： 年　月　日	监理单位： 年　月　日	施工单位： 年　月　日		

　　1. 所有会审图纸均应记录在表内。无意见时，应在"提出图纸问题""图纸修订意见"栏内注明"无"。

　　2. 本表一式四份，由施工单位填写、整理并存一份，与会单位会签各存一份。

任务二 室内机安装

学习目标

知识目标：

（1）了解室内机的种类。

（2）掌握室内机安装要点。

（3）掌握室内机安装规范。

能力目标：

（1）能够正确选择并使用室内机安装工具。

（2）能够按照施工规范正确安装各种类型的室内机。

素质目标：

（1）培养多联机施工的职业素养。

（2）培养认真严谨的工作态度。

（3）培养沟通协作的团体合作能力。

相关知识

一、室内机的种类

室内机就是一个个换热器（夏季为蒸发器，冬季为冷凝器），根据室内机安装形式可分为嵌入式、壁挂式和风管式等。

1. 嵌入式室内机

嵌入式室内机一般用于空间较大且房间中央部分有吊顶处理的场合，吊顶高度应满足嵌入式室内机的高度尺寸。嵌入式室内机类型如图1-2-1所示。

（a）　　　　　　　　（b）　　　　　　　　（c）

图1-2-1　嵌入式室内机类型

（a）四面出风式；（b）角落式；（c）双面出风式

2. 壁挂式室内机

壁挂式室内机一般适用于面积较小、室内没有装饰吊顶的房间，采用的是明装，机器直接裸露在室内，安装和使用与普通分体式空调器壁挂式室内机相同，如图1-2-2所示。

图 1-2-2　壁挂式室内机

3. 风管式室内机

风管式室内机更适用于长形房间，这样气流组织更加合理，制冷、制热效果好，一般安装于房间短边装饰吊顶内，如果房间较长，可以在室内机出风口加装风管延长送风管路，以获得较好的空气调节效果，如图 1-2-3 所示。

图 1-2-3　风管式室内机

技术多样性

四通换向阀

四通换向阀工作原理：电磁四通换向阀主要应用在热泵式空调器中，在结构上主要有4根管道与它相连。它的原理是通过改变系统中制冷剂的流向来改变空调器两器的功能，实现制冷、制热或除霜等功能的切换。电磁四通换向阀由两部分组成，一部分为电磁导向阀，另一部分为四通换向阀，四通换向阀是通过电磁导向阀来控制的，二者之间用三根导向毛细管连接。

二、安装流程

多联机空调系统室内机组，因样式、规格不同，安装各有具体要求，但安装步骤基本一致。安装步骤流程如下：

安装前检查→安装位置确定→划线定位→装悬挂吊杆→安装室内机。

三、安装位置及空间要求

（1）安装位置要确保气流通畅无障碍，气流分布均匀。

（2）安装位置要保证室内机送风、回风在同一空间内。

（3）安装位置应确保空调管道及送风、回风百叶的最低安装空间，高度上要与天花板配合严密。

（4）安装位置必须确保足够的维护保养空间（检修口大小为 450 mm×450 mm，位于电控盒正下方）。

（5）安装位置应保证有合适的冷凝水管安装空间。

（6）当机组安装区域相对湿度≥80%时，应对室内机追加绝热材料。

（7）安装位置要防止气流短路。

（8）避免装在油烟或蒸汽多的地方。

（9）避免装在可能产生、流入、滞留或泄漏易燃气体的地方。

（10）避免装在频繁使用酸性溶液的地方。

（11）避免装在附近有热源的地方。

（12）避免装在易受外部空气侵入影响的地方。

（13）避免装在有高频设备（高频电焊机等）的地方。

（14）避免装在电视机、音响、电脑等高级家用电器的正上方。

（15）请勿在送风口设置火警报警器。

现场安装位置周围如有强热源或有其他设备排气口、蒸汽与可燃烧气体，存在气流短路情况下，与设计人员及时联系给予调整。

四、室内机的安装技术要求

1. 嵌入式室内机的安装

（1）将室内机安装在易于操作及维护的空间位置，在天花板上与管线连接位置附近开一个检修口，用于检查安装出风面板的天花板表面是否平滑，吊装时与天花板保持最少10~20 mm的净距离。

（2）考虑室内机出风分布，选择合适的位置使室内机各处温度达到均匀。建议最好将室内机安装在距地面2.5 m左右的位置。超过3 m时应加设一个空气循环器。室内机与左右墙壁距离不得小于1 000 mm，如图1-2-4所示。

（3）选择合适的位置和方向安装室内机，保证接管、布线、维修方便，气流分布合理。

（4）嵌入式室内机天花板预留维修室内机的洞口尺寸为边长860~910 mm的正方形，最好为890 mm×890 mm。

（5）吊装室内机时，不要施力于接水盘，以防破损。

（6）用水平仪检查接水盘，以防排水装置安装有误。排水管侧要比其他部分低5 mm。

（7）调整完毕后，将悬吊螺母拧紧，必须涂上螺纹锁固剂以防螺母松动，否则会产生噪声或室内机可能掉下。

2. 壁挂式室内机的安装

（1）室内机必须安装在合适的位置，使室内温度分布均匀，气流合理，避免直吹，且不得安装在人员经常通过位置的上方。

（2）安装位置附近要有电源插座。

（3）室内机的进出风口不得有障碍物阻挡空气流动。

（4）将室内机安装在便于操作及维护的空间位置。上方空间不小于50 mm，左右空间不小于100 mm。

（5）采用悬挂板安装室内机，悬挂板可以安装在墙上或柱子间。

（6）悬挂板要有足够的承重能力，至少要用4个固定点固定，排水管侧要比另一侧低5 mm，以防不正确的位置引起冷凝水倒流（推水管左右均可）。

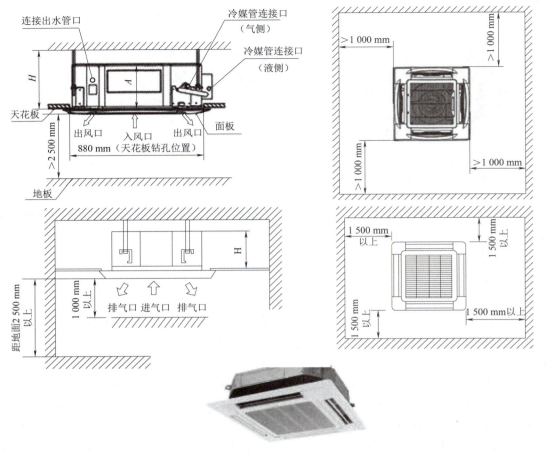

图 1-2-4　四面出风嵌入式室内机安装尺寸要求

五、安装步骤

1. 安装板的固定

（1）确定固定点。

①用水平仪确定安装板水平位置，如图 1-2-5 所示。

图 1-2-5　确定安装板水平位置

②用铅笔标出安装板固定孔位置（至少5处，尽量靠近挂钩处），如图1-2-6所示。

图 1-2-6 标注安装板固定孔位置

（2）按照标出的标记，钻适当大小和深度的孔，如图1-2-7所示。

（3）用塑料胀管和固定螺钉将安装板固定（图1-2-8）。安装板与墙壁无缝隙，并且安装牢固，以免使用时产生振动和噪声。

图 1-2-7 钻孔

图 1-2-8 固定安装板

2. 风管式室内机安装

（1）用重垂线对机组进行定位，用电锤打好孔，用 ϕ8 mm 的全螺纹吊杆将室内机固定在天花板上。

（2）必须采用双重螺母在螺杆下端加以固定，以保证室内机吊装的牢固。如采用单螺母固定，会导致室内机有可能在运行过程中发生松动，引起噪声或造成其他故障。吊杆的安装如图1-2-9所示。

室内机安装如图1-2-10所示。

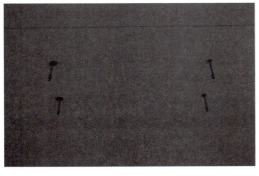

图 1-2-9 吊杆的安装

图 1-2-10 室内机安装

（3）室内机检测。在室内机组安装完毕后必须进行整机的水平检测，使得机组前后左右必须水平放置，如图 1-2-11 所示。

①室内机固定好后要用水平尺对其调平（保持在±1°之内）。

②室内机安装必须确保水平，以减小运转噪声。

③室内机安装必须确保水平，避免冷凝水从接水盘外溢。

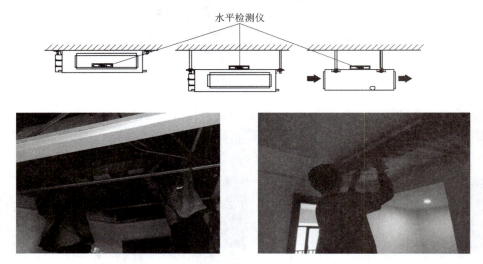

图 1-2-11　室内机检测

（4）防尘保护。室内机组吊装后，应对现有工作进行保护，避免因其他施工造成机组损坏或进入灰尘。

①灰尘进入设备，早期运行时粉尘从风机吹出来。

②灰尘影响风机电机的润滑效果。

③装修产生的腐蚀性气体腐蚀机组内部元器件。

（5）室内机安装时应注意在两侧预留足够的维修空间。留足检修口，一般为 400 mm×400 mm。室内机安装仰视图如图 1-2-12 所示。

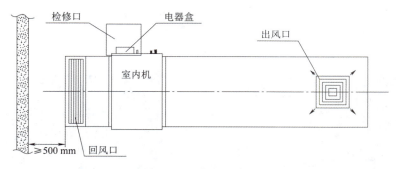

图 1-2-12　室内机安装仰视图

 **知识拓展**

三管制多联机——节能减排

美的三管制多联机采用了直流变频多联机技术及热回收技术，此机组除了具备直流变频多联机的直流变频压缩机、180°正弦波矢量驱动技术、精细控油等技术以外，还采用了热回收技术。当机组同时制冷、制热时，机组把制冷区域的热量回收，释放到制热的区域，减少向室外排放的冷量或热量，而此时的机组只使用了相应制冷或制热的功耗。制冷量与制热量的比例还可随着环境气温的变化任意调节，不管室外环境气温如何变化，都能为室内不同需求的人群提供舒适的环境。一分输出，两分收获，三管制热回收多联机的能效最高可达到普通多联机的两倍以上，还可减少冷热量向室外的排放，真正做到节能减排。

学习任务单

填空题

1. 室内机安装过程：_____、_____、_____、_____、_____。

2. 室内机安装应保持水平度在_____之内。

3. 常见室内机类型：_____、_____、_____。

4. 嵌入式室内机吊装时与天花板保持最少_____ mm 的净距离。

任务实施过程

完成天煌多联机实训考核系统风管式室内机的安装。

一、认识工具

在图 1-2-13 右侧填写工具名称。

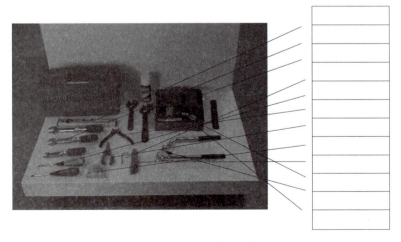

图 1-2-13   认识工具

二、领取安装材料及工具

请各组根据任务要求领取风管式室内机安装所需材料及工具，如表 1-2-1 所示。

表 1-2-1　所需材料及工具

名称	规格	数量	备注
风管式室内机		1 台	
吊杆	M10	4 组	
螺钉旋具	300 mm	1 把	
活扳手	150 mm	2 把	
卷尺	3 m	1 把	
水平尺	300 mm	1 把	

三、室内机安装

（1）根据清单检查设备是否完好，吊杆及紧固螺钉长度、数量是否正确，依据要求确定位置，锁紧铝合金型材框架地脚的万向轮。

（2）测量 4 个吊杆螺孔距离。

（3）确定排水口位置。

（4）选择合适的吊杆位置及悬吊高度。

（5）根据室内机上吊杆螺孔距离，在网孔板上牢固安装 4 根吊杆，在他人配合下，将室内机与 4 根吊杆固定。

（6）用卷尺分别测量室内机四边高度，以调节整机的水平度；或用水平仪辅助调整水平度。注意室内机后侧允许低于前侧 0~5 mm，锁紧吊杆螺钉。

（7）安装完工，进行工位清理。

考核评价

学生完成学习情境的成绩评定将按学生自评、小组互评、教师评价三阶段进行，并按学生自评占 20%，小组互评占 30%，教师评价占 50% 作为学生综合评价结果。

考核项目	评分标准	分数	学生自评	小组互评	教师评价	小计
团队合作	与小组成员、同学之间能合作交流、协调工作	5				
信息咨询	效果良好	5				
安全生产	无安全隐患	10				
现场 7S	做到	10				

续表

考核项目	评分标准	分数	学生自评	小组互评	教师评价	小计
操作过程	任务完成	60				
劳动纪律	严格遵守	5				
创新意识	创新点	5				
总分	合计 100 分		得分			
教师签字：				年 月 日		

任务三 室外机安装

 学习目标

知识目标：

（1）掌握多联机空调系统室外机安装位置的选择。

（2）掌握多联机空调系统室外机安装方法与步骤。

（3）了解室外机的安装注意事项。

能力目标：

（1）能够对室外机进行开箱检查并填写记录表。

（2）能够根据安装说明书及施工验收规定，进行室外机安装。

素质目标：

（1）培养多联机施工的职业素养。

（2）培养认真严谨的工作态度。

（3）培养沟通协作的团体合作能力。

相关知识

一、室外机安装场所

室外机安装位置的选择应考虑以下几点：

（1）室外机应放置于通风良好且干燥的地方。

（2）室外机的噪声及排风不应影响到邻居及周围通风。

（3）室外机安装位置应尽可能在离室内机较近的室外。

（4）应安装于阴凉处，避开有阳光直射或高温热源直接辐射的地方。

（5）不应安装于多尘或污染严重处，以防室外机换热器堵塞。

（6）不应将室外机设置于油污、盐或含硫等有害气体成分高的地方。

二、室外机的基础

室外机基础在制作之前，要注意室外机固定螺钉的宽度以及机器的承重点，防止制作的基础跨度尺寸不对。可以把基础面积做得稍微大些，以便以后进行调整。

室外机安装时，地面基础一般由混凝土、金属型钢等构成，小型设备还可以用角铁制作三角支架。在使用三角支架时，必须考虑墙体结构及承重能力。

混凝土的基础制作要点：

（1）混凝土的混合比例为 1 份水泥、2 份砂、4 份石子。

（2）加强筋为直径 10 mm 的钢筋，以 300 mm 的间隔放入。

（3）在混凝土地面上设置基础时，不需要碎石，但该部分的混凝土表面必须有凹凸。

（4）需在基础的周围设置排水沟，留意室外机化霜水的排水情况。

（5）安装在屋顶时，需注意屋顶地面的强度，并采取防水措施。

三、室外机的起吊和运输

（1）用 4 条 $\phi6$ mm 以上的钢丝把室外机吊起搬进安装位置。

（2）为避免室外机表面擦伤、变形，在钢丝接触空调表面的地方加上护板。

（3）吊装完毕，撤掉运输用垫板。

图 1-3-1 所示为室外机吊装示意图。

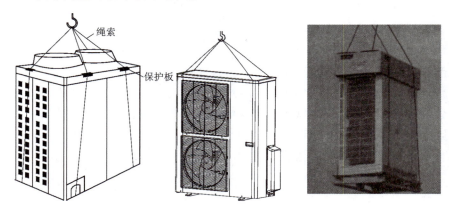

图 1-3-1　室外机吊装示意图

四、室外机安装位置空间

（1）安装室外机时，电源设备尽量安装在室外机侧面。

（2）确保必要的室外机维修空间。

（3）10 HP（匹）或以上室外机的左、右侧应确保有 100 mm 间隙（以 10 HP 或以上室外机为例，室外机组放置尺寸距离如图 1-3-2 所示）。

（4）6 HP 以下室外机的左、右侧至少要留有 600 mm 的间隔（图 1-3-2）。

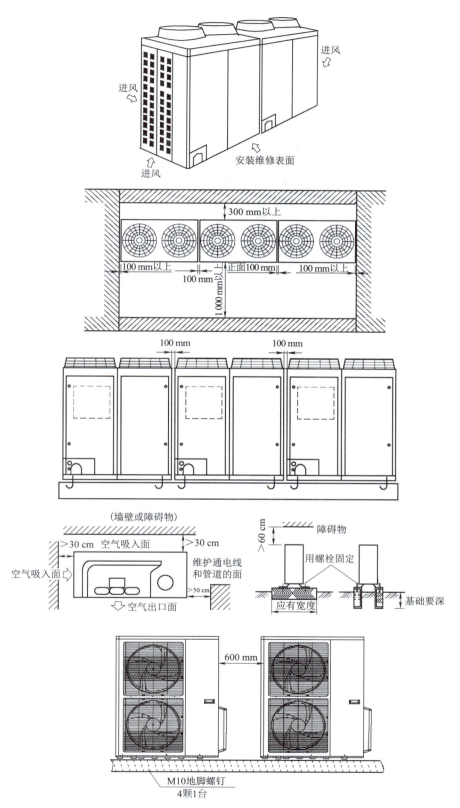

图 1-3-2　室外机安装空间

五、室外机的安装

（1）基础做好后，在室外机搬上去之前，放 20 mm 厚的橡胶垫片，起防振和减振作用，如图 1-3-3 所示。

图 1-3-3　室外机减振

（2）将室外机搬运上基础，压住橡胶垫片，然后打上 4 个地脚螺钉。注意一定打紧打牢。室外机安装图片如图 1-3-4 所示。

图 1-3-4　室外机安装图片

 **知识拓展**

室外机摆放顺序及主、从机的设定

一个系统有多于两台室外机进行组合时，系统中的室外机必须按从大到小的顺序依次排列，且最大的室外机必须放在第一分歧管处，并且将匹数（制冷量）最大的外机地址设定为主机，其他设定为从机。

以室外机 40 HP（10 HP、14 HP、16 HP 组合）系统举例说明：

（1）16 HP 机放在靠第一分歧管一侧（具体放置见图 1-3-5）。

（2）排列顺序依次为 16 HP、14 HP、10 HP。

（3）将 16 HP 机设定为主机，14 HP 和 10 HP 机设定为从机。

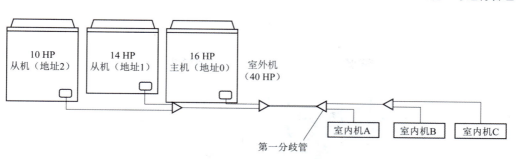

图 1-3-5　室外机安装顺序

 学习任务单

判断题：

1. 室外机安装时，上方有障碍时，加装排风管，当 $L>3$ m 时无须加装。（　　）
2. 当机器安装在不同楼层时，特别要注意气流短路。（　　）
3. 室外机安装后要注意防尘、防杂物，可以用随机的包装塑料袋进行保护。（　　）
4. 室外机安装后根据情况留出以后维修保养的空间，不要狭小局促。（　　）
5. 安装在楼顶时，必须检查顶层的强度。（　　）
6. 基础周围要求设置排水沟。（　　）

 任务实施过程

完成天煌多联机实训考核系统风管式室外机的安装。

一、安装所需工具及材料

请列出室外机安装所需的工具及材料，如表 1-3-1 所示。

表 1-3-1　所需工具及材料

名称	规格	单位	数量	备注

二、室外机安装步骤

（1）锁紧铝合金型材框架（此处框架模拟现实场景中的地基）的地脚万向轮，检查设备是否完好。

（2）由两人将室外机搬起，放置于铝合金型材上，上下孔对齐。

（3）抬起室外机一侧，抬起高度以能放入减振垫为宜，在室外机这一侧 4 个螺孔位置底座下，逐一放入减振垫。

（4）插入地脚螺栓，放入弹簧垫片，拧紧螺母。拧紧螺母时，以对角线上的两个螺母为一组，交替紧固，不宜先同时紧固同一侧的两个螺母。

安装后的户式中央空调室外机如图1-3-6所示。

图1-3-6　室外机安装

考核评价

学生完成学习情境的成绩评定将按学生自评、小组互评、教师评价三阶段进行，并按学生自评占20%，小组互评占30%，教师评价占50%作为学生综合评价结果。

考核项目	评分标准	分数	学生自评	小组互评	教师评价	小计
团队合作	与小组成员、同学之间能合作交流、协调工作	5				
信息咨询	效果良好	5				
安全生产	无安全隐患	10				
现场7S	做到	10				
操作过程	任务完成	60				
劳动纪律	严格遵守	5				
创新意识	创新点	5				
总分	合计100分			得分		
教师签字：				年　　月　　日		

任务四　冷媒配管安装

学习目标

知识目标：

（1）了解冷媒配管施工的原则。

（2）掌握冷媒配管的施工要求。

（3）掌握分歧管的安装要点。

能力目标：

（1）能够正确选择冷媒管的管材。

（2）能够进行冷媒管的制作与安装。

（3）能够按照规范要求进行分歧管的安装。

（4）能够对安装完成的管路进行调试。

素质目标：

（1）培养多联机施工的职业素养。

（2）培养认真严谨的工作态度。

（3）培养沟通协作的团体合作能力。

 相关知识

一、冷媒配管安装三原则

冷媒配管安装三原则：干燥、清洁、气密性，见表1-4-1。

干燥：保证管内无水分；清洁：保证管内无杂质、污物；气密性：保证冷媒无泄漏。

表 1-4-1　冷媒配管安装三原则

安装原则	干燥	清洁	气密性
	管内无水分	管内无杂质	冷媒无泄漏
图例	水	尘埃	泄漏
原因	从外部，如雨水、工程用水的侵入；管内凝结水侵入	钎焊时管内氧化物形成；尘埃、杂物从外侵入	钎焊不完全；喇叭口漏气；边缘漏气

续表

产生的征兆	膨胀阀或毛细管等堵塞； 无冷气或暖气； 润滑油老化； 压缩机故障	膨胀阀或毛细管等堵塞； 无冷气或暖气； 润滑油老化； 压缩机故障	气态制冷剂不足； 无冷气或暖气； 排气温度升高； 润滑油老化； 压缩机故障
预防措施	配管加工→吹净→真空干燥	配管加工→吹净→置换氮气	严格执行钎焊基本操作； 严格执行喇叭口基本操作； 严格执行接口基本操作

二、管路制作

1. 切管

（1）工具。只能用割管器（图1-4-1），不能用锯或切割机切割铜管。

图1-4-1　割管器

（2）正确操作方法：缓慢地转动并不断对割管器加力，在铜管不发生变形的情况下割断铜管。

（3）用锯或切割机切割铜管的危害：导致铜屑进入管内，很难彻底吹扫干净，有进入压缩机或堵塞节流部件的极大危险。

2. 铜管端口修整

（1）目的。清除铜管断口的毛刺并清扫管内和整修管端；便于扩口操作，防止扩口密封面有伤痕。去毛刺工具如图1-4-2所示。

图1-4-2　去毛刺工具

（2）操作方法。

①用刮刀等将内侧毛刺去掉，作业时管端必须向下倾斜，防止铜屑掉入管内。

②倒角结束，用棉纱布将管内铜屑彻底清理干净。

③不要造成伤痕，以免扩口时发生破裂。

④管端明显变形时，将其割掉重新加工。

3. 胀管加工

（1）目的：胀管加工就是把管口扩大，将铜管插入，代替直通，可减少焊点。胀管加工所用胀管器如图 1-4-3 所示。

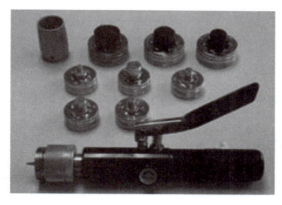

图 1-4-3　胀管加工所用胀管器

（2）要点：胀管连接部位必须保持光滑平整；切管后清除管口内部毛刺。

（3）操作方法：将胀管器胀头插入管内进行扩管，在胀管完成后将铜管转一个小角度，修整胀管头留下的直线痕迹，如图 1-4-4、图 1-4-5 所示。对铜管的要求如图 1-4-6 所示。

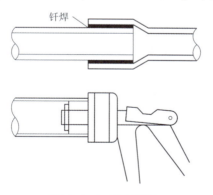

图 1-4-4　胀管操作

图 1-4-5　胀管操作步骤

序号	铜管型号	壁厚/mm
1	$\phi6.35(1/4'')$	0.7
2	$\phi9.52(3/8'')$	0.8
3	$\phi12.7(1/2'')$	1
4	$\phi15.88(5/8'')$	1.2
5	$\phi19.05(3/4'')$	1.2
6	$\phi22.23(7/8'')$	1.2
7	$\phi25.4(1'')$	1.2
8	$\phi28.6\left(1\frac{1}{8}''\right)$	1.4
9	$\phi34.9$	1.4
10	$\phi41.28$	1.4

严把质量关：按照国家标准，铜管壁厚要达到一定的要求，如果壁厚不达标，或者有用铝管代替铜管等现象，都将使空调的制冷效果大打折扣。希望在以后的工作中，树立用户至上的理念，杜绝"以次充好""偷工减料"，严把质量关。

图 1-4-6　对铜管的要求

4. 扩喇叭口

（1）目的：喇叭口用于螺纹连接。扩喇叭口所用扩管器如图 1-4-7 所示。

图 1-4-7　扩喇叭口所用扩管器

（2）要点。

①扩口作业前对硬管必须退火。

②切割管子应用管道割刀（不能使用钢锯或金属切割设备，以防止铜管断面过度变形和铜屑进入管内）。

③小心去除毛刺以免喇叭口产生伤痕，导致冷媒泄漏。

④连接管道时，必须采用两把扳手（一把力矩扳手和一把固定扳手）。

⑤扩口前扩口螺母应先装上管子。

⑥用合适的扭矩来紧固扩口螺母（表 1-4-2）。

表 1-4-2　扩口螺母扭矩

管径/ in（mm）	扭矩		图例
	（kgf·cm）	（N·cm）	
1/4″（6.4）	144～176	1 420～1 720	
3/8″（9.5）	333～407	3 270～3 990	
1/2″（12.7）	504～616	4 950～6 030	
5/8″（15.9）	630～770	6 180～7 540	
3/4″（19.1）	990～1 210	9 270～11 860	

注意：当你使用扳手拧紧扩口螺母时，在某一点上拧紧力矩会突然增加。从该位置开始，进一步拧紧扩口螺母至如表 1-4-3 所示的角度。

表 1-4-3 角度

管径/in（mm）	进一步拧紧的角度	推荐的工具力臂长度
3/8"（9.5）	60°~90°	大约 200 mm
1/2"（12.7）	30°~60°	大约 250 mm
5/8"（15.9）	30°~60°	大约 300 mm

⑦检查扩口表面无损伤。扩口尺寸如表 1-4-4 所示。

表 1-4-4 扩口尺寸

管径/in（mm）	R22 扩口尺寸 A/mm	R410A 扩口尺寸 A/mm	扩口图例
1/4"（6.4）	8.1~8.7	8.7~9.1	
3/8"（9.5）	12.2~12.8	12.8~13.2	
1/2"（12.7）	15.6~16.2	16.2~16.6	
5/8"（15.9）	18.8~19.4	19.3~19.7	
3/4"（19.1）	23.1~23.7	23.6~24.0	

注意：

a. 涂些空调机冷冻油在扩口的内外面上（以便扩口连接螺母顺利地通过或旋转，保证密封面和受力面靠紧贴合，防止管道扭曲）。

b. 喇叭口不允许有裂纹或是变形，否则无法密封或系统运行一定时间后就会泄漏冷媒。

合格的喇叭口和几种常见的不合格喇叭口如图 1-4-8 所示。

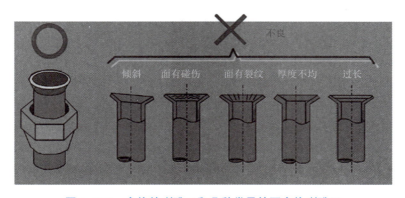

图 1-4-8 合格的喇叭口和几种常见的不合格喇叭口

5. 弯管加工

（1）加工方法。

①手弯曲加工：适用于细铜管（$\phi6.4~\phi12.7$）。

②机械弯管加工：适用范围较广（$\phi6.4\sim\phi67$），采用弹簧弯管器、手动弯管器或电动弯管器。弯管器如图1-4-9所示。

图1-4-9　弯管器

目的：减少焊接接头，节省弯头，提高工程质量；不需要连接件，节省材料。

（2）注意事项。

①弯管加工时，铜管的内侧不能有皱纹或变形。

②弹簧弯管时插入铜管内的弯管器一定要清洁。

③弹簧弯管时不能做90°以上，否则会在管内产生皱纹，很容易产生破裂。

④注意不要因为弯管加工而使配管凹陷，弯管截面必须大于2/3原面积，否则不能使用。

弯管凹陷及产生裂纹部位如图1-4-10所示。

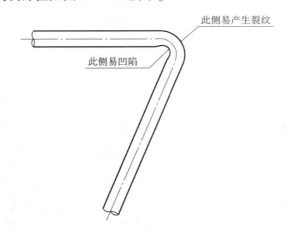

图1-4-10　弯管凹陷及产生裂纹部位

三、冷媒管的焊接

（1）焊接要求。铜管焊接时需要充入氮气进行保护焊接，氮气压力为0.2 kgf/cm²，焊接前充入氮气，焊接完成后，待铜管完全冷却后再断开氮气。

氮气置换的原因：如果焊接时未进行氮气置换，会使配管表面生成氧化膜，进入冷媒系统内会给阀和压缩机等带来不良影响，直接造成重大故障。

钎焊有无充氮保护剖面图如图1-4-11所示。

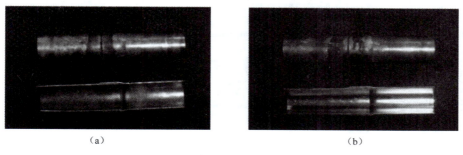

（a）　　　　　　　　　　　　　　（b）

图1-4-11　钎焊有无充氮保护剖面图

（a）钎焊未进行充氮保护的铜管内、外剖面图；（b）钎焊进行充氮保护的铜管内、外剖面图

（2）钎焊工艺流程，如图1-4-12所示。

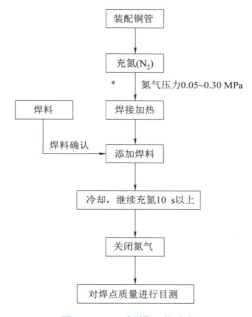

图1-4-12　钎焊工艺流程

（3）焊接连接，如图1-4-13所示。

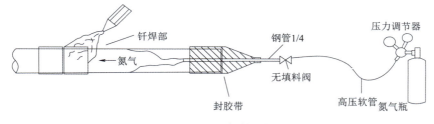

图1-4-13　焊接连接

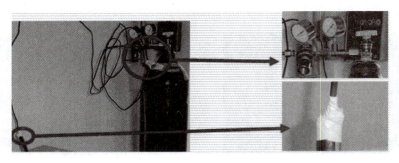

图 1-4-13　焊接连接（续）

四、分歧管的安装

1. 分歧管组件的安装要求

（1）分歧管不能用三通管代替。

（2）必须按照施工图纸和安装说明书确认分歧管组件的型号以及连接的主管和支管的管径。

（3）分歧管组件前后 500 mm 的距离内不能设置急弯（90°弯角）或者连接其他分歧管组件。

（4）尽量使分歧管组件的安装位置放置于便于焊接的场所（如无法保证可先预制组件）。

（5）水平或垂直安装分支器，水平夹角应在15°以内，如图 1-4-14 所示。

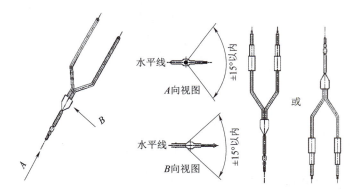

图 1-4-14　分歧管安装示意图

（6）为了保证冷媒分流均匀，安装分歧管组件时应注意其水平直管道的距离，如图 1-4-15 所示。

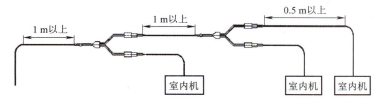

图 1-4-15　分歧管安装要求

①铜管转弯处与相邻分歧管间的水平直管段距离应≥1 m。

②相邻两分歧管间的水平直管段距离应≥1 m。

③分歧管后连接室内机的水平直管段距离应≥0.5 m。

分歧管连接如图1-4-16所示。

图1-4-16　分歧管连接

五、吹洗

在焊接完一段管路后，必须对管路进行吹洗。

1. 吹洗目的

（1）除去管内焊接时由于充氮保护焊不足造成的氧化物。

（2）除去因不当储运而进入管内的杂质和水分。

（3）检查室内机和室外机之间管道系统的连接是否有大的泄漏。

2. 吹洗步骤

（1）将压力表装在氮气瓶上，如图1-4-17所示。

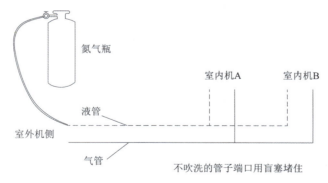

图1-4-17　吹洗连管

（2）压力表高压端接上小管（液管）的注氟嘴。

（3）用盲塞将室内机A侧之外的所有铜管接口处堵塞好，如图1-4-18所示。

（4）打开氮气瓶阀，维持压力在5 kg/cm^2。

（5）检查氮气是否流过室内机A液管。

（6）吹洗：用手中的绝缘材料抵住管口，当压力大得无法抵住时，快速释放绝缘物。

图 1-4-18　接口封堵及吹洗过程

（a）不吹洗的管子端口用盲塞堵住；（b）吹洗过程

再用绝缘物抵住管口，如此反复几次，直到没有杂物吹出为止。

（7）关闭氮气主阀。

（8）对室内机 B 重复以上操作。

（9）对液管吹洗完毕后，再对气管进行吹洗，吹洗步骤与吹洗液管步骤相同。

六、管路的气密性试验

1. 目的

查找漏点，确保系统严密无泄漏，避免系统因冷媒泄漏而出现故障。

2. 操作要领

分段检验，整体保压，分级加压。

3. 气密性试验操作顺序

（1）室内机配管连接好后，将气管与液管用一根 U 形管连接起来同时打压。（干燥的氮气）

（2）在气管或者液管侧接一根带表接头的铜管，用来与氮气连接。

（3）从表接头处充入氮气，进行气密性试验。

（4）气密性试验合格后，将配管与室外机连接好。

注意：管道试压时不要连接室外机，以免阀体损坏。

4. 操作步骤

（1）气密性试验时应确认气管、液管两个阀门是否保持全闭状态，另外因氮气有可能进入室外机的循环系统内，严禁连接低压球阀打压。

（2）各个冷媒系统，一定要从气、液管两侧按照顺序缓慢地加压。严禁从一侧加压，否则容易引起室内机节流阀体损坏。

（3）气密性试验必须使用干燥氮气做介质。加压分段控制如表 1-4-5 所示。

表 1-4-5　加压分段控制

序号	阶段（加压分阶段进行）	标准
1	第一阶段 3.0 kgf/cm² 加压 3 min 以上，可发现大的漏口	修正后无压降
2	第二阶段 15.0 kgf/cm² 加压 3 min 以上，可发现较大的漏口	
3	第三阶段 R22：28.0 kgf/cm²（R410A：40.0 kgf/cm²）加压 24 h 以上，可发现微小漏口	

注：对于采用 R410A 冷媒的系统，第三阶段保压压力值为 40 kgf/cm²。

5. 压力观察

（1）管道加压至 R22：28.0 kgf/cm²（R410A：40.0 kgf/cm²）并维持 24 h，根据温度变化对压力修正后不降压为合格，若压力下降，则应查出漏点予以修补。

（2）修正方法。环境温度每有 ±1 ℃温差，便会有 ±0.1 kgf/cm² 的压力差。

修正公式：实际值＝加压时压力＋（加压时温度－观察时温度）×0.1 kgf/cm²

用修正后的值与加压值相比较即可看出压力是否下降。

（3）查找漏点一般方法。分三个阶段检查，发现有压力下降时需要查找漏点所在。

①听感检漏——用耳可以听到较大的漏气声。

②手触检漏——手放到管道连接处感觉是否有漏气。

③肥皂水检漏——可发现漏气处冒出气泡。

④卤素式探测仪检漏。发现微小漏气口或用加压试验发现压力下降而找不到漏气口时采用卤素式探测仪检漏。

a. 将氮气放置在 3.0 kgf/cm² 处。

b. 加冷媒至 5.0 kgf/cm² 处。

c. 利用卤素式探测仪、烧气探测仪、电气探测机等检查。

d. 利用以上方法查找不到漏点时，继续加压到 40.0 kgf/cm²（R410A），28.0 kgf/cm²（R22）再度检查。

检漏连管示意图如图 1-4-19 所示。

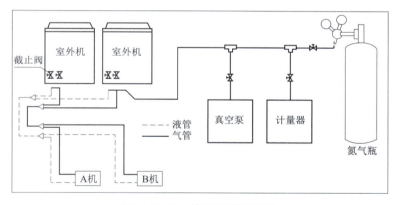

图 1-4-19　检漏连管示意图

（4）注意事项。

①气密性试验采用加压氮气（R22 系统：28 kgf/cm²；R410A 系统：40 kgf/cm²）进行。

②气密性试验绝对不能采用氧气、可燃性气体和有毒气体。

③保压读数前要静置几分钟，待压力稳定后再记录温度、压力值和时间（以便修正）。

④在保压结束后，将系统压力释放至 5~8 kgf/cm² 再保压封存。

⑤管道过长时，应分段检查：室内侧——室内侧+竖直——室内侧+竖直+室外侧。

6. 操作案例

操作案例如图 1-4-20 所示。

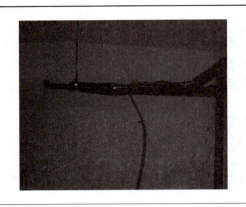

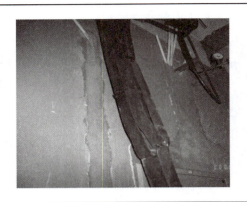

充氮气（N₂）焊接（好）	压力试验（气、液管连通一起试验）（好）

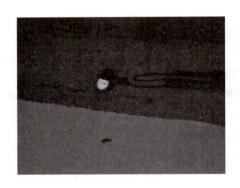

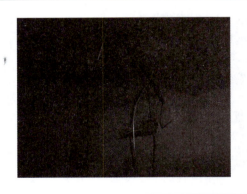

压力试验（气、液管连通一起试验）（好）	压力试验（只接液管）（差）

室外机不连接球阀，进行打压	室外机不连接球阀，进行打压

图 1-4-20　操作案例

七、管路的保温

1. 冷媒配管需要进行保温的目的

（1）运转中，气管和液管的温度会极端过热或过冷。因此，应进行保温处理。否则将会严重影响机器制冷制热效果，并且可能会烧毁压缩机。

（2）制冷时的气管温度很低，如果保温不充分而形成结露会造成漏水。

（3）因为制热运转中排出管（气管）温度很高（通常在 50~100 ℃），如果不当心接触后会被烫伤。为了防止烫伤，要采取保温措施。

2. 冷媒配管保温材料的选取

应使用闭孔发泡保温材料，难燃 B1 级，耐热性超过 120 ℃的材料。

3. 保温层的厚度

铜管外径 $d \leqslant \phi 12.7$ mm 时，保温层厚度 δ 在 15 mm 以上。

铜管外径 $d \geqslant \phi 15.9$ mm 时，保温层厚度 δ 在 20 mm 以上。

铜管外径 $d \geqslant \phi 41.3$ mm 时，保温层厚度 δ 在 25 mm 以上。

注：环境热而湿的场合上述厚度应增加。

注意：室外管道应该采用金属保护壳进行保护，可防晒、防雨、防风化及防止外力或人为破坏。

4. 保温作业的安装及要点

（1）错误操作举例。将气管和液管一起保温，导致空调效果差。

（2）正确操作实例。

①将气管和液管隔开绝热，如图 1-4-21 所示。

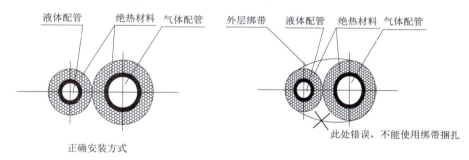

图 1-4-21　保温示意图

注意：将气管、液管分别保温后，若再使用绑带捆扎，捆绑过紧有可能破坏本已粘贴好的保温接口。建议不使用绑带捆扎。

②管子接头处周围完全保温绝热，如图 1-4-22 所示。

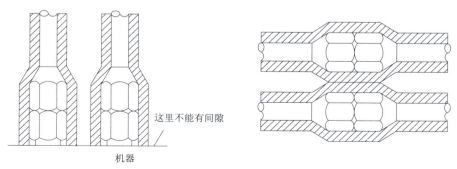

图 1-4-22　管子接头处保温示意图

注意要点：

a. 保温材料的接口不应有间隙。

b. 保温接口强拉连接，胶布包扎过紧，易收缩出现裂隙，产生凝露滴水现象；胶布缠绕过紧会挤压掉材料中的空气，致使此部位保温效果降低，同时年久后胶布容易老化散落。

c. 在室内隐蔽部分，不要缠绕包扎带，以免影响保温效果。

（3）正确的保温棉修补方法介绍（见图1-4-23）。首先裁剪比缝隙长的保温棉，将两端口拉开，嵌入保温棉，接口处用胶水紧密粘贴。管路的保温如图1-4-24所示。

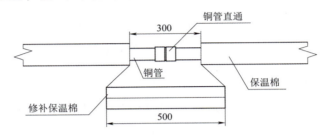

图1-4-23　保温棉修补示意图

图1-4-24　管路的保温

（4）保温修补要点。

①修补保温棉（填补空隙的保温棉）长度要比缺口的自然状态长5~10 cm。

②剖开修补保温棉的切口和断面要平整。

③将修补保温棉嵌入缺口，断面要挤紧。

④所有的断面和切口都要涂胶水黏合。

⑤最后在接缝处用橡塑胶带封缠保护。

⑥在隐蔽部分，禁止使用绑带捆扎保温棉，以免影响保温效果。

 知识拓展

洛克环连接——创新精神

洛克环技术是利用冷挤压塑性变形原理，达到铝与铝、铝与铜、铜与铜、铜与钢、铜与钛之间的紧密连接，专门用于连接小直径的有色金属管材。洛克环连接实例如图1-4-25所示。洛克环连接与焊接对比如图1-4-26所示。

图 1-4-25　洛克环连接实例

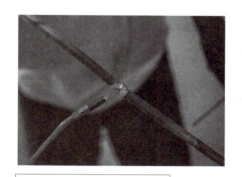

传统方法：焊接
特点：难度大，不美观，易泄漏

新工艺：洛克环
特点：操作简单，外形美观，质量可靠

图 1-4-26　洛克环连接与焊接对比

学习任务单

填空题

1. 切管工具只能用_____。

2. 手弯曲加工：适用于细铜管_____。

3. 机械弯管加工：适用直径范围较广，φ_____，采用_____、_____或_____。

4. 铜管外径 $d \leqslant \phi 12.7$ mm 时，保温层厚度在_____以上。

5. 冷媒配管保温材料应使用_____材料，难燃_____级，耐热性超过_____℃的材料。

6. 修补保温棉（填补空隙的保温棉）长度要比缺口的自然状态长_____cm。

任务实施过程

分组制作下列管路，图纸及实物如图 1-4-27 所示。

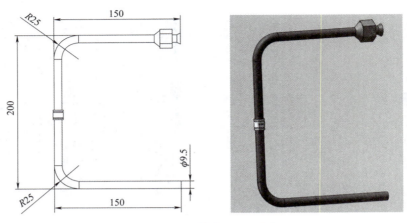

图 1-4-27　管路图纸及实物

一、所需工具及材料

请列出制作上列管路所需的工具及材料，填入表 1-4-6 中。

表 1-4-6　所需工具及材料

名称	规格	单位	数量	备注

二、制作步骤

1. 调直紫铜管

利用工作台的平面，将弯曲的铜管在台面上进行拉直操作，如图 1-4-28 所示。

图 1-4-28　调直

2. 测量铜管长度

将铜管一端的密封套取下，测量所需要的长度。然后用铅笔或其他标记工具进行清晰的标记，测量完毕后，记得在铜管上套上密封套。

3. 割管

割管如图 1-4-29 所示。

4. 倒角（去毛刺）

倒角可保证后道工序的加工质量，利于管子之间的相配连接，防止毛刺对流经此处的制冷剂产生不良影响。去毛刺如图 1-4-30 所示。

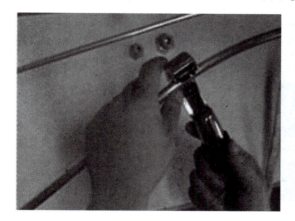

图 1-4-29　割管

图 1-4-30　去毛刺

5. 弯管

弯管操作如图 1-4-31 所示。

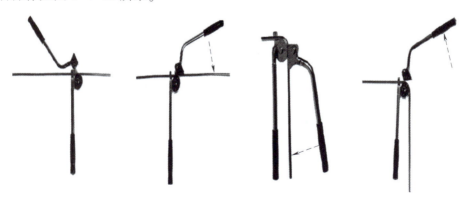

图 1-4-31　弯管操作

（1）先将弯管器的活动把手移动至最高点，然后把压直的铜管放到弯管器的卡位上。

（2）将弯管器的弯曲起始刻度对准之前做好的记号，并开始缓慢地对弯管器用力，把弯管器的活动把手由最高点一直旋转到自己需要的位置。

（3）压到自己需要的位置后，将活动把手从反方向移动，放回原来的位置，并将弯曲好的铜管拿出。

6. 扩喇叭口

扩喇叭口操作如图 1-4-32 所示。

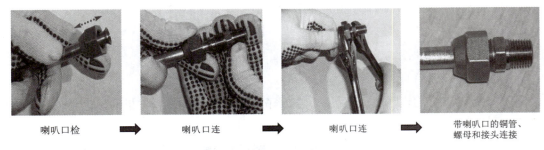

喇叭口检　→　喇叭口连　→　喇叭口连　→　带喇叭口的铜管、螺母和接头连接

图 1-4-32　扩喇叭口操作

问题：请选择图 1-4-33 中合格的喇叭口，并分析不合格的原因。

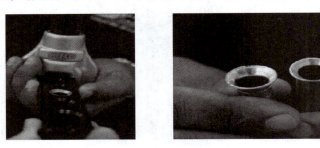

图 1-4-33　喇叭口质量分析

7. 洛克环连接

洛克环连接如图 1-4-34 所示。

图 1-4-34　洛克环连接

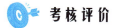

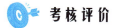　考核评价

学生完成学习情境的成绩评定将按学生自评、小组互评、教师评价三阶段进行，并按学生自评占20%，小组互评占30%，教师评价占50%作为学生综合评价结果。

考核项目	评分标准	分数	学生自评	小组互评	教师评价	小计
团队合作	与小组成员、同学之间能合作交流、协调工作	5				
信息咨询	效果良好	5				
安全生产	无安全隐患	10				
现场7S	做到	10				
操作过程	任务完成	60				
劳动纪律	严格遵守	5				
创新意识	创新点	5				
总分	合计100分			得分		
教师签字：				年　　　月　　　日		

任务五　多联机系统调试

　学习目标

知识目标：

（1）掌握冷媒追加的计算方法。

（2）掌握多联机调试运转及验收规范。

能力目标：

（1）能够对多联机进行冷媒追加。

（2）能够对多联机进行系统调试。

（3）能够对试验调整报告进行整理与分析。

（4）能够对调试过程中发现的问题提出恰当的改进措施。

素质目标：

（1）培养多联机施工的职业素养。

（2）培养认真严谨的工作态度。

（3）培养沟通协作的团体合作能力。

 相关知识

一、冷媒充注

1. 冷媒追加工程

在多联机出厂时的制冷剂充填中，现场安装的管路部分未充填制冷剂。安装完成后，只要现场所用液管长度大于零，就需要对管路进行追加制冷剂。以液管长度来计算所需制冷剂，制冷剂追加量计算标准可参考表1-5-1。制冷剂的追加量必须用电子秤等测量，且追加量应写在室外机铭牌上。

表1-5-1 制冷剂追加量计算标准

液管管径/mm	R22	R410A
	1 m管长相当的冷媒追加量/$(kg \cdot m^{-1})$	1 m管长相当的冷媒追加量/$(kg \cdot m^{-1})$
6.4	0.030	0.022
9.5	0.065	0.060
12.7	0.115	0.110
15.9	0.190	0.170
19.1	0.290	0.250
22.2	0.380	0.350
25.4	0.580	0.520
28.6	0.760	0.680

冷媒追加连管示意图如图1-5-1所示。

图1-5-1 冷媒追加连管示意图

注意事项：

①追加充填冷媒前必须进行真空干燥。

②最好用电子秤称量冷媒。

③充填完毕，应检查室内、外机扩口部分是否有冷媒泄漏（用气体检漏仪或肥皂水检查）。

2. 试运行时补充冷媒方法

（1）从液侧截止阀检测接头处充注。

（2）气侧截止阀全部打开，液侧截止阀微开。

（3）制冷试运转，完成充注后完全打开液侧截止阀。

截止阀细部如图1-5-2所示。

图1-5-2　截止阀细部

3. 冷媒追加具体步骤

（1）冷媒追加前需确认真空干燥是否已经合格完成。

（2）计算应追加充填的冷媒量（根据实际的液管尺寸和长度算）。

（3）用电子秤（或加液器）测量需追加的冷媒量。

（4）将冷媒钢瓶、压力歧表、室外机的检修阀用充填软管连接，以液体状态充填。充填前必须将软管及歧管中的空气排出。

（5）充填完成后，确认室内、外机的扩口部等是否有冷媒泄漏。

（6）将追加的冷媒量记入室外机的冷媒追加指示铭板上。

二、调试运转与验收

1. 调试的目的

调试是对多联机空调工程的初步验收，其目的是确保每一台机器都处于最佳运行状态，让用户充分体验到产品的可靠性和舒适性。

2. 调试检验内容

（1）对产品质量进行检查。

（2）对安装工程质量进行检查。

（3）对整个系统运行是否正常进行检验。

（4）对系统设计是否合理进行初步检验。

（5）对室内参数是否能达到设计要求进行检验。

注意：系统调试必须在试运行状态下进行。

3. 调试前确认内容

（1）多联机空调工程验收检查按《通风与空调子分部工程质量验收记录（制冷系统）》填写施工验收记录。

（2）地址码的设定。

①准备好系统平面图。

②在系统平面图上对已设定好的地址码做记录。

③拨码开关的设定必须在断电的情况下进行。

（3）电源线、通信线和线控器接线检查。

①电源线、通信线和线控器接线都应按要求连接正确且牢靠。

②接地线要可靠。L1、L2、L3、N 的对地电阻要在 1 MΩ 以上。

③电源电压应在额定电压的±10% 以内，且不得使用临时电源。

④检查相间电压不平衡率是否符合要求（不平衡率为<3%）。

（4）室外机通电预热。室外机通电预热应在 12 h 以上，使润滑油得到充分加热，以防止压缩机因润滑油未得到充分预热而损坏。

4. 调试要点

（1）确认室内、外机都已通电。

（2）在待机状态，观察室外机控制板上的数码管所显示的数字，数字意义为室外机所能检测到的室内机台数。若显示的数字与此系统所连接的室内机实际台数不符，说明信号有问题。待室外机能检测到所有室内机后，才可以正常开机。

（3）确认排水畅通，排水提升泵应能够动作。

（4）确认微电脑控制器动作正常，且无故障出现。

（5）确认工作电流在规定范围内。

（6）确认运行参数在设备允许范围内。

（7）做好调试记录。

5. 调试方法

调试方法一：通过室外机进行试运转，如表 1-5-2 所示。

表 1-5-2　调试方法一

设定方法	制冷试运转	ON / OFF　1 2 3 4 5 6
	制热试运转	ON / OFF　1 2 3 4 5 6

续表

注意事项	通过室外机设定试运转时，室内机自动开启，无须再通过遥控器设定
	试运转开始后，在没有温控停机的情况下连续运行 2 h 后自动停机
	通过室外机试运转时，如果通过遥控器关掉某台室内机，则本台室内机的试运转功能将被取消，如果再次开机需要通过遥控器的试运转功能开机，不能直接开机
	试运转结束后，关闭 DSW4 的拨码开关设定

调试方法二：通过有线遥控器进行试运转，如表 1-5-3 所示。

表 1-5-3　调试方法二

设定方法步骤	同时按"运转切换"与"点检"键 3 s 以上，待有线遥控器右下侧显示"试运转"	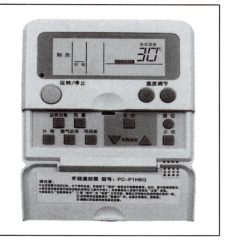
	选择试运转模式"制冷"或"制热"	
	将风量设定到"高风"状态	
	按"运行/停止"键开机	
注意事项	同一个系统中所有的有线遥控器都要按照上述方法设定	
	试运转 2 h 自动结束，中途停止试运转按"运转/停止"键	
	确认显示的室内机台数是否和实际连接一致	

调试方法三：通过无线遥控器进行试运转，如表 1-5-4 所示。

表 1-5-4　调试方法三

设定方法步骤	同时按"定时关"与"设定"键 3 s 以上，待无线遥控器下侧显示"2 小时后关"	
	选择试运转模式"制冷"或"制热"	
	将风量设定到"高风"状态	
	按"运行/停止"键开机	
注意事项	当室内机接收到信号时，信号接收器黄色指示灯将开启片刻	
	试运行开始后，接收器的红灯（运转）亮、绿灯（定时）闪烁	
	试运行 2 h 自动停止，中途停止按遥控器"开/关"键	

团队精神

中央空调在交付使用之前，要对整个系统进行调试，只有每一个调试环节都达到要求，才能保证系统的稳定运行。

知识拓展

格力多联机调试实例

启动前冷媒检测：如果系统内没有冷媒或冷媒量不满足启动运行要求，则机组会提示U4"缺冷媒保护"，无法进行下一步操作。此时需要追加部分冷媒量（达到总冷媒量的70%）直至异常消除。机组无故障后，机组显示OC，自动进行到下一步。格力多联机冷媒检测结果如图1-5-3所示。

图1-5-3　格力多联机冷媒检测结果

　学习任务单

计算追加的冷媒量

冷媒追加量的计算公式如下：

追加制冷剂量 R ＝配管冷媒追加量 A ＋每个模块冷媒追加量 B

1. 配管冷媒追加量 A 的计算方法

配管冷媒追加量 A ＝液管总长度×每米液管制冷剂追加量

配管冷媒追加量的计算见表1-5-5。

表 1-5-5　配管冷媒追加量

液管直径/mm	28.6	25.4	22.2	19.05	15.9	12.7	9.52	6.35
冷媒追加量/(kg·m⁻¹)	0.68	0.52	0.35	0.25	0.17	0.11	0.054	0.022

2. 每个模块冷媒追加量 B 的计算方法

每个模块冷媒追加量标准如表 1-5-6 所示。

表 1-5-6　每个模块冷媒追加量标准

每个模块冷媒追加量 B/kg		模块容量/HP				
室内、外机额定容量配置率 C	室内机配置数量	8	10	12	14	16
50%≤C<70%	≤4 台	0	0	0	0	0
	>4 台	0.5	0.5	0.5	0.5	0.5
70%<C≤90%	≤4 台	0.5	0.5	1	1.5	1.5
	>4 台	1	1	1.5	2	2
90%<C≤105%	≤4 台	1	1	1.5	2	2
	>4 台	2	2	3	3.5	3.5
105%<C≤115%	≤4 台	2	2	2.5	3	3
	>4 台	3.5	3.5	4	5	5
115%<C≤135%	≤4 台	3	3	3.5	4	4
	>4 台	4	4	4.5	5.5	5.5

冷媒追加量为：_____。

 任务实施过程

完成天煌多联机实训考核系统调试。

一、多联机空调系统调试

在机组调试前，必须对空调系统进行全面检测。

1. 调试前检查

（1）确认机组是否已经送电预热超过 8 h。

（2）确认系统是否经过气密性试验、是否已真空干燥、是否已按标准追加制冷剂；检查截止阀是否开启到位。

（3）检查室内、外机防尘罩是否全部摘除，进出风系统是否畅通。

（4）检查冷凝水排水管道是否安装完好，排水口有无遮挡物堵塞。

（5）检查所有接线端子是否安装牢固，检查供电电压是否与机组要求匹配。

（6）完成调试前 5 项检查才可开启机组。

2. 调试过程与记录

（1）系统试运转的目的在于全面检查、测定系统安装的质量及制冷效果。正常试运转应不少于 8 h。

（2）室内、外机试运转：室内、外机等设备应逐台启动投入运转，检查其基础、转向、传动、润滑、平衡、高压、低压、温升等的牢固性、正确性、灵活性、可靠性、合理性等。

（3）冷（热）态调试：按不同的设计工况进行试运行，调整至符合设计参数；设定与调整室内的温度、湿度，使之符合设计规定数值。

（4）综合调试：根据实际气象条件，让系统连续运行不少于 24 h，并对系统进行全面的检查、调整，考核各项指标，以全部达到设计要求。以上调试过程应做好书面记录。

多联机空调系统试运转调试记录（室内机）

施工单位：　　　　　　试验日期：　　年　月　日　　　　　　编号：

工程名称		调试负责人及证书编号		
系统追加制冷剂量及制冷剂名称	＿＿＿ kg（R22/R407C/R410A）	运行模式	制冷（　　）	
			制热（　　）	
压缩机型号				
安装位置及编号				

项目	开机前	30 min	60 min	90 min	备注
蒸发器进管温度/℃					
蒸发器出管温度/℃					
室内出风温度/℃					
室内回风温度/℃					
室内环境温度/℃					
室内设定温度/℃					
出风口风速/(m·s⁻¹)					
回风口风速/(m·s⁻¹)					
运行声音					
运行振动					

试运行结论：

会签栏	监理（建设）项目部（签章）		施工项目部（签章）		
			专业技术负责人	专业质检员	专业施工员	测试人
	年　月　日	年　月　日				

多联机空调系统试运转调试记录（室外机）

施工单位：　　　　　　　试验日期：　　年　月　日　　　　　　　编号：

工程名称		调试负责人及证书编号		
系统追加制冷剂量及制冷剂名称	＿＿＿kg（R22/R407C/R410A）	运行模式	制冷（　　） 制热（　　）	
室外机组型号				
安装位置及编号				

项目	开机前	30 min	60 min	90 min	备注
室外环境温度/℃					
排气温度（定频/数码/变频）/℃					
油温度（定频/数码/变频）/℃					
高压/Pa					
低压/Pa					
风速（挡位）					
气管温度/℃					
液管温度/℃					
运转电流/A					
电压/V					
运行声音					
运行振动					

试运行结论：

会签栏	监理（建设）项目部（签章）	施工项目部（签章）			
		专业技术负责人	专业质检员	专业施工员	测试人
	年　月　日	年　月　日			

考核评价

学生完成学习情境的成绩评定将按学生自评、小组互评、教师评价三阶段进行，并按学生自评占 20%，小组互评占 30%，教师评价占 50% 作为学生综合评价结果。

考核项目	评分标准	分数	学生自评	小组互评	教师评价	小计
团队合作	与小组成员、同学之间能合作交流、协调工作	5				
信息咨询	效果良好	5				
安全生产	无安全隐患	10				
现场 7S	做到	10				
操作过程	任务完成	60				
劳动纪律	严格遵守	5				
创新意识	创新点	5				
总分	合计 100 分			得分		
教师签字：				年　　月　　日		

全空气空调系统施工与运行管理

✅ 项目描述

全空气空调系统中空气必须经冷却和去湿处理后送入室内。至于房间的采暖，可以用同一套系统来实现，即在系统内增设空气加热和加湿（也可以不加湿）设备；也可以用另外的采暖系统来实现。集中式全空气空调系统是用得最多的一种系统形式，尤其是空气参数控制要求严格的工艺性空调大多采用这种系统。

（1）根据设计部门出具的施工图纸和编制的施工组织设计进行全空气中央空调系统施工。

（2）合理、科学地编制全空气中央空调系统调试方案，并根据调试方案对系统进行气密性试验、真空度试验和调试运转。调试完毕后，与设计的指标和验收规范的要求进行比较，若发现问题，提出恰当的改进措施。

（3）根据操作规程及管理要求，进行全空气空调系统的操作和维护保养。

全空气空调系统如图 2-1 所示。

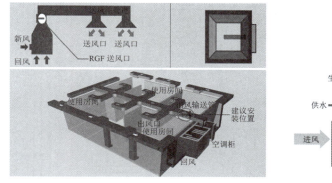
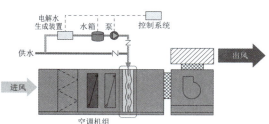

图 2-1　全空气空调系统

✅ 学习目标

（1）掌握全空气空调系统的组成。
（2）能够安排全空气中央空调系统施工准备工作。

（3）能够根据施工组织设计及验收规范进行制冷设备、空气处理设备的安装。

（4）能够根据施工组织设计及验收规范进行风系统管路的制作与安装。

（5）能够编写全空气中央空调系统调试方案，并进行系统调试。

（6）能够进行全空气中央空调系统操作、运行管理及故障排除。

（7）培养沟通协调能力及语言表达能力。

（8）培养严谨的工作作风和勤奋努力的工作态度。

（9）培养高度的事业心和责任心。

✓ 工作流程

施工准备──→制冷设备安装──→空气处理设备安装──→风系统安装──→系统调试及验收。

✓ 教学载体

以某商场全空气空调系统为载体，介绍全空气空调系统施工及运行管理。风系统平面图如图 2-2 所示。

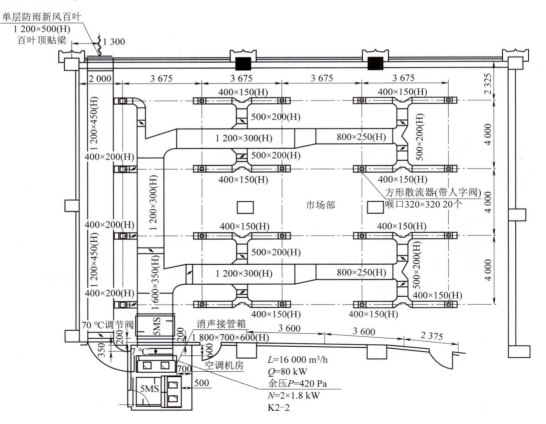

图 2-2　风系统平面图

任务一 全空气空调系统施工准备

🎯 学习目标

知识目标：

（1）了解施工准备工作的重要性。

（2）了解全空气空调系统施工前准备工作的具体内容。

（3）了解全空气空调系统施工准备工作的要求。

（4）掌握全空气空调系统的组成。

能力目标：

（1）能够有效收集相关技术经济信息与资料。

（2）能够对施工图进行识读与会审。

（3）能够根据工程特点，进行施工前准备工作。

素质目标：

（1）培养较强的工作规划能力。

（2）培养较强的动手能力和团队合作精神。

（3）培养沟通协调能力和较好的语言表达能力。

（4）培养严谨的工作作风和勤奋努力的工作态度。

🌀 相关知识

一、全空气空调系统简介

全空气空调系统是指空调房间的室内负荷全部由经过处理的空气来负担的空调系统。

优点：

（1）空调设备大多集中设置在专门的空调机房里，管理维修较方便，消声防振比较容易。

（2）机房可占用较差的建筑面积或在吊顶内。

（3）可根据季节变化集中调节空调系统的新风量，节约运行费用。

（4）使用寿命长，初投资和运行费用较低。

缺点：

（1）输送的风量大，风道又粗又长，因此，占用建筑空间较多，施工安装工作量大，工期长。

（2）一个空调系统只能处理一种送风状态的空气。当各房间的热湿负荷变化规律差别较大时，不能分室调节，当有的房间不需要空调时，仍然要开启整个空调系统，造成能量浪费。

1. 全空气空调系统的组成

全空气空调系统由冷水机组、冷冻水系统（含冷凝水系统）、冷却水系统、空气处理设备（空调机房或吊顶式空调机组）、空调风系统5部分组成。

（1）冷水机组。吸收冷凝器的热量可以用水和空气，如果用空气则称为风冷式（制冷量小），如果用水则称为水冷式（制冷量大）。冷水机组的分类如图 2-1-1 所示。各类冷水机组实物如图 2-1-2~图 2-1-7 所示。

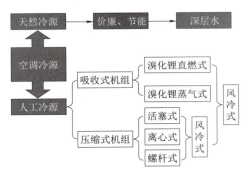

图 2-1-1　冷水机组的分类

图 2-1-2　水冷活塞式冷水机组

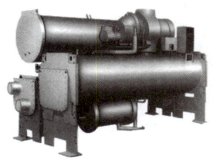

图 2-1-3　水冷螺杆式冷水机组

图 2-1-4　风冷活塞式冷水机组

图 2-1-5　水冷离心式冷水机组

图 2-1-6　吸收式冷水机组

图 2-1-7　风冷螺杆式冷水机组

（2）冷冻水系统。空调冷冻水系统是冷水机组和空气处理设备之间的循环管道、水泵、仪表及附件，如图 2-1-8 所示。

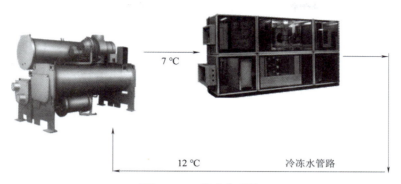

7 ℃

12 ℃　　　　　　　　　　冷冻水管路

图 2-1-8　冷冻水系统

（3）冷却水系统。空调冷却水系统是水冷式制冷冷源机组和冷却塔之间的循环管道、水泵、仪表及附件，如图 2-1-9 所示。

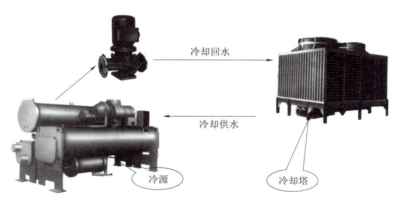

冷却回水

冷却供水

冷源

冷却塔

图 2-1-9　冷却水系统

冷却塔按形状分为圆形和方形两种，按水流和空气的方向分横流式和逆流式两种类型，如图 2-1-10 所示。

图 2-1-10　冷却塔类型

（4）空气处理设备。全空气空调系统的空气处理设备通常集中在空调机房内，空气处理设备常采用组合式空调机组或柜式空调机组。

对于小型的空调系统，可不设置空调机房，而是直接采用吊顶式空调机组。

组合式空调机组是由各种空气处理段组装而成的不带冷、热源的一种空调设备。机组的功能段是对空气进行一种或几种处理功能的单元体，如图 2-1-11 所示。对空气进行冷、热、湿和净化等处理均可在组合式空调机组内作为功能段出现。功能段可包括：空气混合、均流、过滤、冷却、加湿、送风机、回风机、中间段、喷水、消声、热回收等。可根据工程的需要，有选择地选用其中若干功能段。组合式空调机组功能段组合如图 2-1-12 所示。叠加组合式空调器和吊顶空调器分别如图 2-1-13、图 2-1-14 所示。

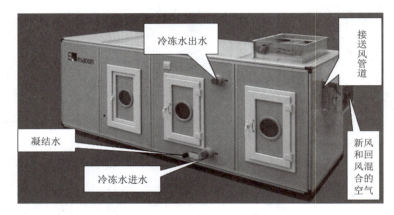

图 2-1-11　组合式空调器

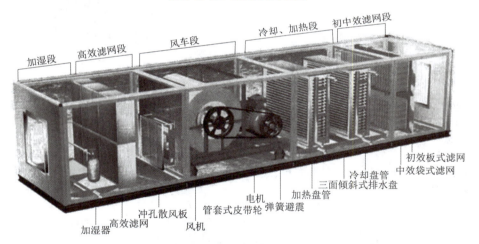

图 2-1-12　组合式空调机组功能段组合

图 2-1-13　叠加组合式空调器

图 2-1-14　吊顶空调器

（5）空调风系统。空调风系统由送排风机、风道、风道部件、消声器及风口等组成，如图2-1-15所示。

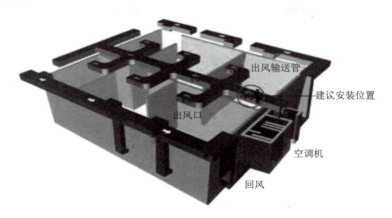

出风输送管

建议安装位置

空调机

出风口

回风

图 2-1-15　空调风系统

风口：用于空调系统中风量的分配、风向的控制。设计安装中注意建筑的谐调和室内气流组织的状态。全空气空调系统常用的风口有百叶风口、散流器、喷射式风口、旋流风口等，分别如图2-1-16~图2-1-19所示。

图 2-1-16　旋流风口

图 2-1-17　圆形散流器风口

图 2-1-18　方形散流器风口

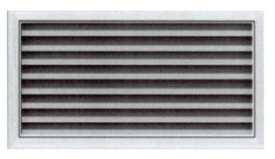

图 2-1-19　百叶风口

民族自豪感

天然制冷

战国时代的冰箱　　　　清朝的冰箱　　　　故宫的冰窖

中国空调的发展历史：我国历史上用天然制冷已有3 600多年，它不仅有记载的时间为世界最早，而且应用范围广。它从一个侧面展示了我们祖先的聪明才智，是值得我们后人引以为傲的。

机械制冷技术

世界上第一个扇子，尧舜时代　　　折扇，唐代　　　1882年，第一台商品化电风扇

广泛使用

商业民用　　　　　　　　　　　　工业厂房

二、施工工具准备

要求工具齐全、型号标准符合安装及技术要求。仪器仪表经过检测或鉴定，量程及精度满足要求。施工工具准备如表2-1-1所示。

表 2-1-1　施工工具准备

名称	图例	名称	图例
电动卷扬机		吊车	

续表

名称	图例	名称	图例
千斤顶		镀锌钢板咬口机	
拔杆		镀锌钢板折方机	
钢丝绳		气锚连接器	
滑车与滑车组		刨刀	

三、施工图纸审核

图纸审核分为熟悉图纸、自审图纸、图纸会审三个阶段。

1. 熟悉图纸阶段

（1）熟悉图纸工作的组织。工程项目经理部组织有关工程技术人员熟悉图纸。

（2）熟悉图纸的要求。

①先精后细。先看平、立、剖面图，后看细部作法。

②先小后大。先看小样图，后看大样图。

③先建筑后结构，并把建筑图与结构图互相对照。

④先一般后特殊。先看一般的部位和要求，后看特殊的部位和要求。

⑤图纸与说明结合。

⑥土建与安装结合。

⑦图纸要求与实际情况结合。

2. 自审图纸阶段

（1）自审图纸的组织。项目经理部组织各工种对本工种的有关图纸进行审查。

（2）自审图纸的要求。

①审查设计图纸是否完整齐全，检查规定是否明确，核对图纸间有无矛盾。

②核对风管、部位及附属设备的尺寸、安装位置和标高，施工图与有关技术资料有无矛盾或错误。

③核对通风管与生产工艺设备、电气设备、电气配管及给排水等管道，在平面位置和安装标高上有无矛盾。

④核对通风空调设备和土建图纸有无矛盾，主要尺寸、位置、标高有无遗漏，说明有无矛盾或错误。

⑤了解设计对安装质量的要求，能否施工，如需采取特殊的施工方法或特定的技术措施时，技术上和设备条件上有无困难，施工能否满足设计规定的质量标准，并以此安排科研、试验、新设备购置或人员培训等。

⑥核对施工材料有无特殊要求，其品种规格、数量能否解决，并以此确定相应的特殊材料购置计划。

3. 图纸会审阶段

（1）图纸会审的组织。由建设单位组织，并主持会议，设计单位交底，施工单位、监理单位参加。重点工程或规模较大的结构、装修较复杂的工程，如有必要可邀请各主管部门、消防、防疫与协作单位参加。

会审的程序是：

①设计单位作设计交底。

②施工单位对图纸提出问题。

③有关单位发表意见，与会者讨论、研究、协商逐条解决问题并达成共识，组织会审的单位汇总成文，各单位会签，形成图纸会审纪要。

（2）图纸会审的要求。

①设计是否符合国家有关方针、政策和规定。

②设计规模、内容是否符合国家有关技术规范要求，尤其是强制性标准的要求，是否符合环境保护和消防安全的要求。

③建筑设计是否符合国家有关技术规范要求，尤其是强制性标准的要求，是否符合环境保护和消防安全的要求。

④图纸及说明是否齐全、清楚、明确。

⑤结构、建筑、设备等图纸本身及相互之间是否有错误和矛盾；图纸与说明之间有无

矛盾。

⑥有无特殊材料（包括新材料）要求，其品种、规格、数量能否满足需要。

⑦设计是否符合施工技术装备条件。当需采取特殊技术措施时，技术上有无困难，能否保证安全施工。

⑧地基处理及基础设计有无问题；建筑物与地下构筑物、管线之间有无矛盾。

⑨建（构）筑物及设备的各部位尺寸、轴线位置、标高、预留孔洞及预埋是否符合要求。

 知识拓展

变风量（VAV）空调系统

VAV（Variable Air Volume）空调系统属于全空气式的一种空调方式，该系统是通过变风量箱调节送入房间的风量或新回风混合比，并相应调节空调机的风量或新回风混合比来控制某一空调区域温度的一种空调系统，如图2-1-20所示。

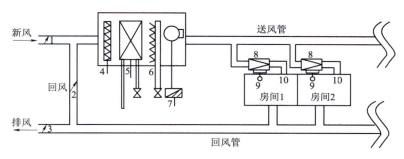

图2-1-20　变风量空调系统

1—新风阀；2—回风阀；3—排风阀；4—过滤器；5—表冷器；6—加湿器；
7—变频风机；8—VAV末端装置；9—温度传感器；10—送风口

 学习任务单

填空题

1. 全空气空调系统由　＿＿＿＿＿＿＿＿、＿＿＿＿＿＿＿＿、＿＿＿＿＿＿＿＿、＿＿＿＿＿＿＿＿、＿＿＿＿＿＿＿＿5部分组成。

2. 绘制全空气空调系统工作流程。

3. 列出下列各设备及工具的用途，填入表2-1-2中。

表2-1-2　设备及工具的用途

名称	用途	名称	用途
电动卷扬机		吊车	
千斤顶		镀锌钢板咬口机	

续表

名称	用途	名称	用途
拨杆		镀锌钢板折方机	
钢丝绳		气锚连接器	
滑车与滑车组		刨刀	

 任务实施过程

以小组为单位对下列空调风系统平面图（图2-1-21）进行会审，回答以下问题，并填写图纸会审记录。

（1）描述图中空调机房的位置及机房中设备的名称。

（2）风管的布置是否合理？

（3）描述图中风口的类型和规格。

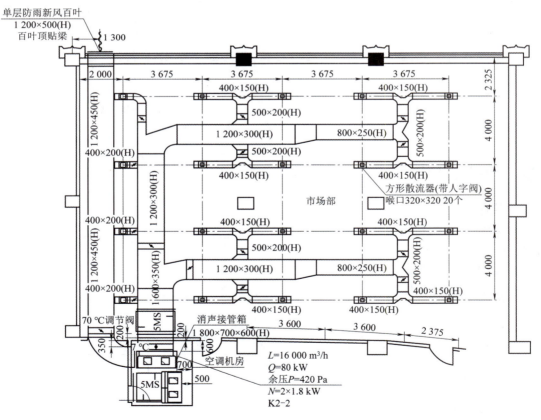

图 2-1-21　风系统平面图

图纸会审记录

工程名称		共　页
		第　页

图纸编号	提出问题	会审结果

参加会审人员	

会审单位 （公章）	建设单位	监理单位	设计单位	施工单位

考核评价

学生完成学习情境的成绩评定将按学生自评、小组互评、教师评价三阶段进行，并按学生自评占20%，小组互评占30%，教师评价占50%作为学生综合评价结果。

考核项目	评分标准	分数	学生自评	小组互评	教师评价	小计
团队合作	与小组成员、同学之间能合作交流、协调工作	5				
信息咨询	效果良好	5				
安全生产	无安全隐患	10				

续表

考核项目	评分标准	分数	学生自评	小组互评	教师评价	小计
现场 7S	做到	10				
操作过程	任务完成	60				
劳动纪律	严格遵守	5				
创新意识	创新点	5				
总分	合计 100 分			得分		

教师签字： 　　　　　　　　　　　　　　　　　　　年　　　月　　　日

任务二　制冷设备安装

　**学习目标**

知识目标：

（1）熟悉制冷设备的安装工序。

（2）掌握制冷设备基础的做法及质量检验要求。

（3）掌握制冷设备安装方法及安装质量要求。

能力目标：

（1）能够对制冷设备基础进行质量检验。

（2）能够对制冷设备安装质量进行检验。

（3）能够填写质量检验记录表。

素质目标：

（1）培养较强的工作规划能力。

（2）培养较强的动手能力和团队合作精神。

（3）培养沟通协调能力和较好的语言表达能力。

（4）培养严谨的工作作风和勤奋努力的工作态度。

相关知识

一、风冷冷水机组的安装

在实施风冷式中央空调室外机安装作业之前，要根据规定选择合适的安装位置。安装位置的选择在整个中央空调器系统的安装过程中十分关键，安装位置是否合理将直接影响整个系统的工作效果。

1. 风冷冷水机组安装位置

（1）机组需安装在通风效果好、具有承重能力的地方。

（2）避免将机组安装在对噪声和振动有较高要求的地方。

（3）远离有腐蚀机组的地方（如灰尘、油烟多的环境）。

（4）机组安装基础高度应不低于 10 cm，安装场地有排水地漏，保证排水顺畅，不能有积水。

（5）承重基础与机组减振器安装孔需处于同一中心线上，并且需具有足够的宽度以便于安装减振器。

（6）设备安装在楼顶时需要进行防雷处理。

2. 风冷冷水机组安装空间

（1）在安装高度上，为确保工作良好，中央空调室外机的进风口至少要高于周围障碍物 80 cm，如图 2-2-1 所示。机组安装实物如图 2-2-2 所示。

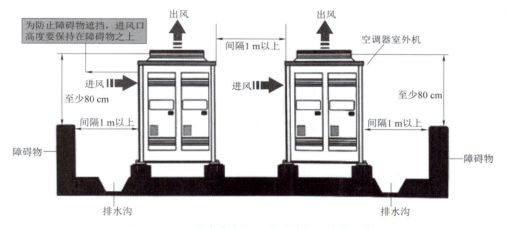

图 2-2-1　风冷冷水机组进、送风口位置要求

图 2-2-2　机组安装实物

（2）若受环境所限，机组周围有障碍物且很难按照设计要求达到规定高度时，为防止室外热空气串气，影响散热效果，可在机组散热出风罩上加装导风罩以利于散热，如图 2-2-3 所示。

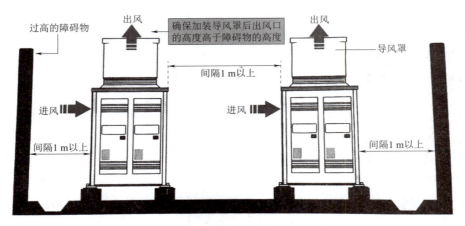

图 2-2-3　风冷冷水机组加导风罩要求

（3）多台机组单排安装时，应确保机组与障碍物之间的间距为 1 m 以上，每台机组之间的间隙要保持在 20~50 cm，如图 2-2-4 所示。

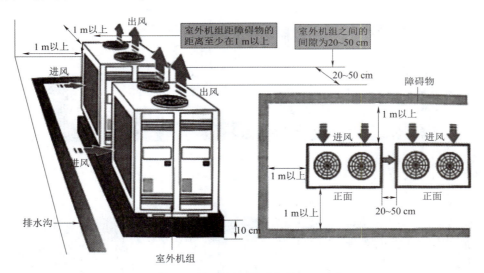

图 2-2-4　多台机组单排安装间距要求

（4）多台机组多排安装时，除确保靠近障碍物的机组与障碍物间隔距离在 1 m 以上外，相邻两排机组的间隔也要在 1 m 以上，单排中室外机组之间的安装间隔要保持 20~50 cm，如图 2-2-5 所示。多台机组多排安装平面效果图如图 2-2-6 所示。

3. 安装基础

（1）安装基础必须是能够承受机组运行压力的混凝土基础（图 2-2-7）或槽型钢架结构（图 2-2-8）。

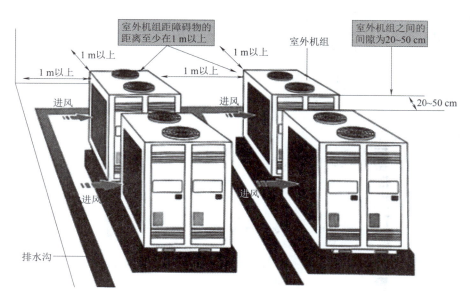

图 2-2-5　多台机组多排安装间距要求

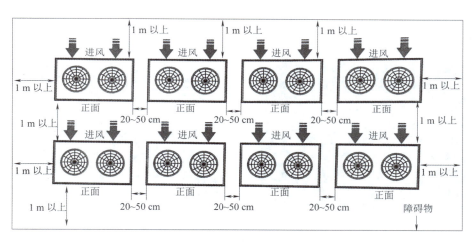

图 2-2-6　多台机组多排安装平面效果图

图 2-2-7　混凝土基础

图 2-2-8　钢结构基础

（2）每台机组用 4 个 M12 的螺栓固定。

（3）在机组和安装基础之间需安装厚度不小于 20 mm 的橡胶减振垫或合适规格的弹簧减振器。

（4）安装基础必须配备排水设施，便于机组冷凝水和融霜水排放。

二、水冷冷水机组安装

1. 制冷机组安装流程

制冷机组安装流程如图 2-2-9 所示。

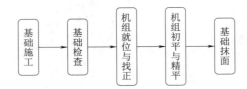

图 2-2-9　制冷机组安装流程

2. 基础施工

制冷机组应采用混凝土结构或钢结构的块型基础，如图 2-2-10、图 2-2-11 所示。基础尺寸如图 2-2-12 所示。

图 2-2-10　钢结构基础

图 2-2-11　混凝土结构基础

第一步：检查设计图样上的尺寸、地脚螺栓数量和规格。

第二步：按照图样尺寸要求装好基础模板及地脚螺栓预留孔的模板。

第三步：采用标号为 100~150 号的混凝土进行浇灌，浇灌完成后要进行 7~10 天的浇水养护。

第四步：混凝土初凝后（一般约 8 h），应拆除地脚螺栓的预留孔模板。整个模板的拆除要待混凝土强度达到 50% 时再进行，之后清理基础四周和地脚螺栓的模板及孔内积水等。

3. 基础检查

第一步：基础强度检查的简易方法是敲击法，即先用小锤在混凝土表面敲击，若敲击声响亮，而且表面几乎无痕迹，用尖錾轻轻錾混凝土表面，表面稍有痕迹，这样说明混凝土的强度达到要求。

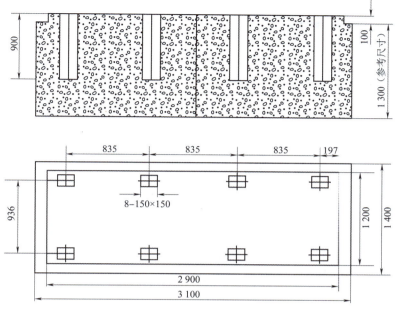

图 2-2-12　基础尺寸

第二步：用量具检查基础的尺寸。基础尺寸检查的内容有：基础的外形结构、平面的水平度、中心线、标高、地脚螺栓的深度和距离、混凝土内的预埋件等。检查完毕，填写机组检查验收表的内容。

4. 机组就位与找正

第一步：用墨线弹出机组纵横中心线和基础中心线。

第二步：在地脚螺栓预留孔的两侧摆好互成 90° 放置的一定数量的垫铁，垫铁的支撑面应在同一水平面上且放置平稳。

第三步：按照吊装技术的安全规程，利用起重机、铲车、人字架或者滑移的方法将机组吊起，机组底座穿上地脚螺栓，把机组移至基础上方，对准基础中心线，把机组放下搁置于垫铁上，如图 2-2-13 所示。垫铁放置位置如图 2-2-14 所示。

第四步：机组就位后，利用量具、线锤、撬杆将机组纵横中心线调整到与基础中心线重合。

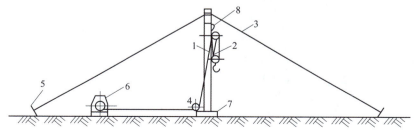

图 2-2-13　滑车组、卷扬机与拔杆组成的组合吊装设备

1—起重杆；2—起重滑轮组；3—拉索；4—导向滑轮；5—锚桩；
6—卷扬机；7—枕木垫；8—支撑或悬梁

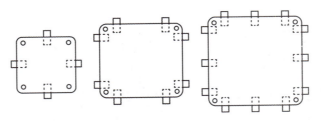

图 2-2-14　垫铁放置位置

5. 机组初平与精平

第一步：初平。机组的纵向和横向水平度应控制在 0.2/1 000 范围内。

第二步：地脚螺栓孔二次灌浆。

第三步：精平。按现行的施工规范要求，机组纵向和横向水平度不应超过 0.2/1 000。

6. 基础抹面

第一步：机组精平后，再次拧紧地脚螺栓。

第二步：在基础边缘放一圈模板，模板至机组机座外缘的距离不小于 100 mm 或不小于机座底筋面宽度。

第三步：将机组机座与基础表面的空隙用混凝土填满，并将垫铁埋于混凝土内。

第四步：混凝土凝固前，用水泥砂浆进行基础抹面，使基础表面光滑美观。

机组搬运实例如图 2-2-15 所示。

（a）　　　　　　　　　　　　　　（b）

（c）　　　　　　　　　　　　　　（d）

图 2-2-15　机组搬运实例

（e）

（f）

（g）

（h）

图 2-2-15　机组搬运实例（续）

（a）制冷主机卸车；（b）制冷主机吊装搬运至车道口；（c）制冷主机在车道口卸车，转叉车；

（d）制冷主机由吊车转叉车；（e）制冷主机在车道下坡（由叉车牵引）；

（f）制冷主机由地下室运至机房；（g）调整高度准备上基础；（h）制冷主机上基础

严守规范

　　中央空调已广泛应用到商用和家用领域，而三分产品七分安装，中央空调安装是中央空调系统中不可忽视的一环。安装不规范，空调的制冷效果会大打折扣，严重的会引发安全事故。

　　案例：2020年6月3日21时，海口市龙华区国贸路13号森堡大厦发生一起爆炸事故，造成1人死亡，10人受伤。专家现场勘察，判断是该大厦中央空调制冷剂和冷冻油泄漏引起的爆炸。

GB 50243—2016
《通风与空调施
工验收规范》

知识拓展

一张图了解水冷螺杆式冷水机组系统安装

水冷螺杆式冷水机组也是冷水机组的一种，由于它的主要构成部件使用了螺杆式压缩机，所以可称为水冷螺杆式冷水机组。它的冷冻出水温度范围为 3~20 ℃，可广泛应用于塑胶、电镀、电子、化工、制药、印刷、食品加工等各种工业冷冻制程需使用冷冻水的领域，或大型商场、酒店、工厂、医院等各种中央空调工程中需使用冷冻水集中供冷的领域。水冷离心（螺杆）机组制冷制热系统示意图如图 2-2-16 所示。

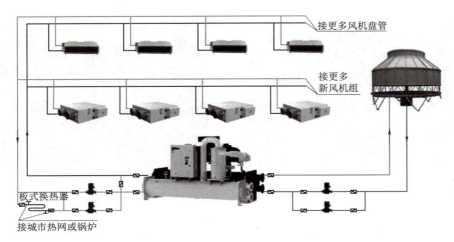

图 2-2-16　水冷离心（螺杆）机组制冷制热系统示意图

 学习任务单

填空题

1. 在设备安装中使用垫铁是为了调整设备的水平度。垫铁放置的位置是根据制冷设备底座外形和底座上的螺栓孔位置确定的。垫铁间距以_____mm 为宜。

2. 冷水机组安装位置，平面位移允许偏差为_____mm。

3. 采用隔振措施的制冷设备或制冷附属设备，其隔振器安装位置应正确；各个隔振器的压缩量应均匀一致，偏差不应大于_____mm。

4. 制冷设备及制冷附属设备安装位置、标高的允许偏差应符合规范要求，标高的允许偏差为_____mm。

 任务实施过程

一、认识冷水机组

对照冷水机组实物，将相应名称填入图 2-2-17 所示框中。

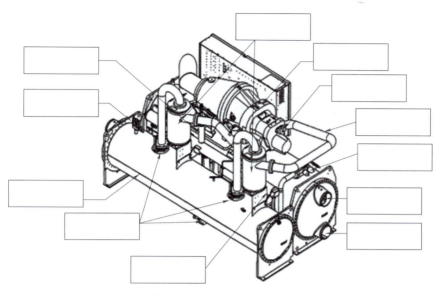

图 2-2-17　冷水机组结构

二、基础验收

根据冷水机组基础质量验收要求，以小组为单位对实训室水冷冷水机组混凝土基础进行验收，并填写检查记录表（表 2-2-1）。

表 2-2-1　基础检查记录表

检查项目	设计值/mm	实测值/mm	允许偏差/mm	是否合格
1. 混凝土基础 长/宽/高； 表面标高； 沟坑/地脚螺栓孔/凸部分尺寸			±20 ±30 ±10	
2. 地脚螺栓（直径<50 mm） 标高； 中心距； 垂直度/（mm·m^{-1}）			±5 ±3 ±10	
3. 中心标板上的冲点位置			±1	
4. 基准点上的标高			±0.5	

考核评价

学生完成学习情境的成绩评定将按学生自评、小组互评、教师评价三阶段进行，并按学生自评占 20%，小组互评占 30%，教师评价占 50% 作为学生综合评价结果。

考核项目	评分标准	分数	学生自评	小组互评	教师评价	小计
团队合作	与小组成员、同学之间能合作交流、协调工作	5				
信息咨询	效果良好	5				
安全生产	无安全隐患	10				
现场 7S	做到	10				
操作过程	任务完成	60				
劳动纪律	严格遵守	5				
创新意识	创新点	5				
总分	合计 100 分			得分		
教师签字：				年　　月　　日		

任务三　空气处理设备安装

学习目标

知识目标：

（1）了解空气处理设备的安装工序。

（2）了解空气处理设备质量检验要求。

（3）掌握空气处理设备安装方法及安装质量要求。

能力目标：

（1）能够进行处理设备安装。

（2）能够对空气处理设备安装质量进行检验。

（3）能够填写质量检验记录表。

素质目标：

（1）培养较强的工作规划能力。

（2）培养较强的动手能力和团队合作精神。

（3）培养沟通协调能力和较好的语言表达能力。

（4）培养严谨的工作作风和勤奋努力的工作态度。

 相关知识

一、组合式空调器的安装

1. 设备基础的施工与验收

设备基础施工后，土建单位和安装单位应共同对其质量进行检查，待确认合格后，安装单位应进行验收。组合式空调器基础施工及验收同制冷设备基础。

2. 设备开箱检查

会同建设单位和设备供应部门共同进行开箱检查。开箱检查的程序如下：

（1）开箱前先核对箱号、箱数量是否与单据提供的相符。然后对包装情况进行检查，有无损坏与受潮等。

（2）开箱后认真检查设备名称、规格、型号是否符合设计图纸要求，产品说明书、合格证是否齐全。

（3）按装箱清单和设备技术文件，检查主机附件、专用工具等是否齐全，设备表面有无缺陷、损坏、锈蚀、受潮等现象。

（4）打开设备活动面板，用手盘动风机有无叶轮与机壳相碰的金属摩擦声，风机减振部分是否符合要求。

（5）将检验结果做好记录，参与开箱检查责任人员签字盖章，作为交接资料和设备技术档案依据。

开箱检查示例如图 2-3-1 所示。

图 2-3-1 开箱检查示例

【严谨细致】

　　天才多半由于细心养成。——郭沫若

　　开箱验收，是指将货物从集装箱、货柜车箱等箱体中取出并拆除外包装后，对货物实际状况进行验核的查验方式。

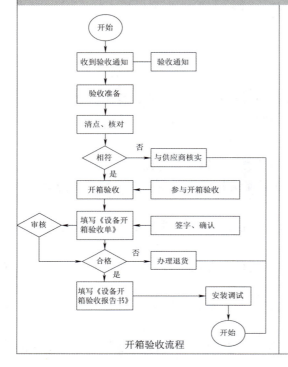

开箱验收流程

设备开箱记录表					
建设单位		建设工程名称		设备制造厂	
施工单位		设备名称		设备编号	
设备所带技术文件资料：					
主要设备配件及材料明细表					
序号	名称	规格	单位	数量	备注（缺陷）
设备移交单位	负责人： 经办人：		设备接收单位	负责人： 经办人：	

3. 设备现场运输

　　现场运输是指将空气处理设备运送至安装位置，空气处理设备的运输和吊装应符合下列要求：

　　（1）应核实设备和运输通道的尺寸，保证设备运输通道畅通。

　　（2）应复核设备重量与运输通道的结构承载能力，确保结构梁、柱、板的承载安全。

　　（3）设备应运输平稳，并应采取防振、防滑、防倾斜等安全防护措施。

　　（4）采用的吊具应能承受吊装设备的整体质量，吊索与设备接触部件应衬垫软质材料。

　　（5）设备应捆扎稳固，主要受力点应高于设备重心，具有公共底座设备的吊装，其受力点不应使设备底座产生扭曲和变形。

4. 安装步骤

　　组合式空调机组是指不带冷、热源，用水、蒸汽为媒体，以功能段为组合单元的定型产品，需分段组对安装，安装时按下列步骤进行：

　　（1）安装时首先检查金属空调箱各段体与设计图纸是否相符，各段体内所安装的设备、部件是否完备无损，配件必须齐全。

（2）准备好安装所用的螺栓、衬垫等材料和必需的工具。

（3）安装现场必须平整，加工好的空调箱槽钢底座就位（或浇注的混凝土墩）并找正找平。

（4）当现场有几台空调箱安装时，分清左式、右式（视线顺气流方向观察或按厂家说明书）。段体的排列顺序必须与图纸相符。安装前对各段体进行编号。组合式空调箱如图 2-3-2 所示。

图 2-3-2　组合式空调箱

（5）从空调设备上的一端开始，逐一将段体抬上底座校正位置后，加衬垫，将相邻的两个段体用螺栓连接严密牢固。每连接一个段体前，将内部清除干净。

（6）与加热段相连接的段体，应采用耐热片作衬垫，表面或换热器之间的缝隙应用耐热材料堵严。用于冷却空气的表面式换热器，在下部应设排水装置。

安装完的组合式空调机组，其各功能段之间的连接应严密、整体平直，检查门开启灵活，水路畅通。

现场组装的空调机组，应做漏风量测试。漏风率要求见表 2-3-1。

表 2-3-1　漏风率要求

机组性质	静压	漏风率
一般空调机组	保持 700 Pa	不大于 3%
低于 1 000 级洁净用	保持 1 000 Pa	不大于 2%
高于、等于 1 000 级洁净用	保持 1 000 Pa	不大于 1%

5. 整体机组安装

空调机组安装的地方必须平整，一般应高出地面 100~150 mm。

空调机组如需安装减振器，应严格按设计要求的减振器型号、数量和位置进行安装、找平找正。

空调机组的冷却水系统、蒸汽、热水管道及电气动力与控制线路，由管道工和电工安装。

空调机组制冷机如果没有充注氟利昂，应在高级工程师或厂家指导下，按产品使用说明书要求进行充注。

二、空气处理设备安装质量要求

（1）空气处理室整体安装或分段安装时，安装平稳、平正、牢固，四周无明显缝隙。一次、二次回风调节阀及新风调节阀调节灵活。检验方法：尺量和观察检查。

（2）密闭检视门应符合门及门框平正、牢固、无渗漏，开关灵活的要求，凝结水的引流管（槽）畅通。检验方法：泼水和启闭检查。

（3）表面式热交换器的安装应框架平正、牢固，安装平稳。热交换器之间和热交换器与围护结构四周缝隙封严。检验方法：手扳和观察检查。

（4）空气过滤器的安装应平正、牢固；过滤器与框架、框架与围护结构之间缝隙封严；过滤器便于拆卸。检验方法：手扳和观察检查。

空气处理室设备安装允许偏差值和检验方法如表2-3-2所示。

表2-3-2　空气处理室设备安装允许偏差值和检验方法

项目		允许偏差/mm	检验方法
金属空调设备	水平误差	每1 m	≥3	拉线、液体连通器和尺量检查
	垂直度	每1 m	≥2	吊线和尺量检查
		5 m以上	≥10	

成品保护：

（1）空气处理室安装就位后，应在系统连通前做好外部防护措施，应不受损坏，防止杂物落入机组内。

（2）空调机组安装就绪后未正式移交使用单位的情况下，空调机房应有专人看管保护，防止损坏丢失零部件。

（3）如发生意外情况应马上报告有关部门领导，采取措施进行处理。

（4）中、高效过滤器应按出厂标志竖向搬运和存放于清洁室内，并应有防潮措施。

空调设备安装时应注意的质量问题如表2-3-3所示。

表2-3-3　空调设备安装时应注意的质量问题

序号	常产生的质量问题	防治措施
1	坐标、标高不准、不平不正	加强责任心，严格按设计和操作工艺要求进行
2	段体之间连接处，垫料规格不按要求做，有漏垫现象	加强技术交底
3	表冷器段体存水排不出	注意排水管的安装坡度要求
4	高效过滤器框架或高效风口有泄漏现象	严格按设计和操作工艺执行

 **知识拓展**

"云式"空气净化技术的原理，首先是成云，就是通过饱和水蒸气，让气溶胶"长大"（水汽凝结）；然后是降雨，建立一个超重力的装置，让污染物沉降下来。通过这两种方式达到净化空气的目的。

"云式"空气净化设备如图2-3-3所示。

图2-3-3　"云式"空气净化设备

受到污染的气溶胶首先进入第一层，就是成云层，主要负责水汽凝结和消毒杀菌。

对气溶胶进行第一轮消毒杀菌后，气溶胶将会进入到第二层，也就是降雨层。这里是一个超重力收集器，气溶胶在这里会受到超重力的作用，迅速形成雨滴被沉降下来，剩下的就是新鲜的空气了，随后进入第三层。

第三层是动力层，在动力装置的驱动下被输送出去，并和室内进行反复循环，从而达到净化空气的目的。在自然界中，整个降雨过程需要45 min才能完成，而空气净化装置只用了几秒钟。应用此项新技术，也能够一定程度上防范病原微生物，特别是新冠病毒对人的传染或危害。

学习任务单

填空题

1. 空调机组安装的地方必须平整，一般应高出地面_____mm。

2. 表面式热交换器的安装检验方法：_____检查。

3. 组合式空调机组是指不带冷、热源，用水、蒸汽为媒体，以功能段为组合单元的定型产品，需_____安装。

4. 表冷器段体存水排不出的防治措施为_____。

任务实施过程

对空气处理设备进行安装，并进行安装质量验收。

（1）用思维导图画出组合式空调器的安装流程及要点。

（2）对实训室空气处理设备进行安装并进行质量检验，填入表2-3-4中。

表2-3-4 质量验收记录表

通风与空调设备（空调系统）安装检验批质量验收记录表					编号：
工程名称		检验批部位		施工标准	
施工单位		项目经理		专业工长	
分包单位		分包项目经理		施工班组长	
序号		GB 50243—2002的规定	施工单位检查评定记录		监理（建设）单位验收记录
主控项目	1	通风机安装	型号规格符合设计规定，其出口方向安装正确。叶轮旋转平稳，经（　）次停转后每次均不停留在同一位置上。固定通风机的地脚螺栓经检查，能够拧紧并有防松动措施		
	2	通风机安全措施	通风机传动装置的外露部位以及直通大气的进出口设置了防护罩（网）（或采取其他安全设施）		

续表

序号		GB 50243—2002 的规定	施工单位检查评定记录		监理（建设）单位验收记录
主控项目	3	空调机组安装		型号、规格、方向和技术参数经核查符合设计要求。现场组装的组合式空调机组经过漏风量的检测（检测记录见（　）号）符合产品质量要求	
	4	净化空调设备安装		净化空调设备与洁净室围护结构相连的接缝经检查封闭严密；风机过滤单元（FFU 与 FMU 空气净化装置）在现场检查后，目测无变形、锈蚀、漆膜无脱落和拼接板无破损的现场；在系统试运行时，也在进风口处加装了中效过滤器进行了临时保护	
	5	高效过滤器安装		高效过滤器在系统全面清扫和进行了（　）小时的试运行，施工现场清扫干净后，就地开箱安装；高效过滤器安装前经过目测和捡漏试验（试验记录见（　）号），外观检查无变形、脱落、断裂等现象；安装后，安装方向正确，四周及接口严密不漏。调试前也进行了扫描捡漏。经抽样检测，核查捡漏和扫描记录（　）份均符合要求	
	6	静电空气过滤器安装		静电空气过滤器金属外壳接地可靠良好。报告编号（　）经现场检查和核验报告，符合要求	
	7	电加热器安装		电加热器与钢构架间的绝热层为不燃材料，接线柱外露的已加设了安全防护罩。电加热器的金属外壳接地可靠良好。试验记录（　）号连接电加热器风管的法兰垫片采用耐热不燃材料。合格证（质保书）编号（　）	
	8	干蒸汽加湿气安装		经现场检查，干蒸汽加湿器中蒸汽喷管安装的方向正确	

续表

序号		GB 50243—2002 的规定	施工单位检查评定记录		监理（建设）单位验收记录
一般项目	1	通风机安装		通风机的安装符合规定，叶轮转子与机壳的组装位置正确，叶轮进风口插入风机机壳进风口（或密封圈）的深度经检查（　）处，深度（　）mm；或与叶轮外径的比值（　）。现场组装的轴流风机叶片安装角度基本一致，达到在同一平面内运转，叶轮与筒体之间的间隙应均匀，水平度为（　/　），安装隔振器的地面平整，各组隔振器承受荷载的压缩量均匀，高度差为（　）mm。安装风机的隔振钢支吊架，其结构形式和外形尺寸符合设计（或设备技术文件）的规定，焊接牢固，焊缝应饱满均匀	
	2	组合式净化空调机组安装		核查了各功能段按照设计的顺序和要求，安装正确；各功能段连接处严密，整体安装平直。机组和供回水的连接正确，冷凝水水封高度符合设计要求；机组内经检查无杂物、垃圾和积尘。机组内的过滤器和翅片清洁、完好。经抽查（　）处，符合要求	
	3	净化室设备安装		带有通风机的气闸室吹淋室与地面间经现场检查，设置了隔振垫。机械式余压阀的安装、阀体阀板的转轴安装水平偏差为（　/1 000）；余压阀的安装位置在室内气流的下风侧并且在工作面高度范围内。传递窗的安装牢固、垂直，与墙体的连接处严密。经现场抽测（　）处，符合要求	

续表

序号		GB 50243—2002的规定	施工单位检查评定记录		监理（建设）单位验收记录
一般项目	4	装配式洁净室安装		净室的顶板和壁板（包括夹芯材料）经现场对材料的质保资料核查为不燃材料。洁净室的地面干燥平整，平整度偏差为（　/1 000）。壁板的构配件和辅助材料的开箱在清洁的室内进行，安装前对其规格和质量进行了严格的检查，壁板垂直，安装底部采用了圆弧或钝角交接，安装后的壁板之间，壁板与顶板间的拼缝平整、严密，墙板的垂直偏差经现场实测为（　/1 000）；顶板水平度的偏差与每个单间的几何尺寸的偏差均为（　/1 000）。洁净室吊顶在受荷载后保持平直，压条全部紧贴、清洁，洁净室壁板的上下槽形板其接头平整严密，组装完毕的洁净室所有拼接缝包括与建筑的接缝均采取了密封措施，做到不脱落，密封良好	
	5	洁净层流罩安装		经检查的系统均设置了独立的吊杆并有防晃动的固定措施。层流罩安装的水平度偏差为（　/1 000），高度的偏差为（　）mm。层流罩安装在吊顶上，其四周与顶板之间现场检查均设有密封及隔振措施	
	6	风机过滤单元安装		风机过滤器单元（FFUFMU）的高效过滤器安装前按照规范第7.2.5条的规定，进行了检漏，为合格，检测记录（　）份。实际安装的过滤器方向正确，安装后的FFU或FMU机组便于检修。安装后的FFU风机过滤器单元，保持整体平整，与吊顶衔接良好，风机箱与过滤器之间的连接过滤器单元与吊顶框架间有可靠的密封措施	

序号		GB 50243—2002 的规定		施工单位检查评定记录	监理（建设）单位验收记录
一般项目	7	粗、中效空气过滤器安装		安装平整牢固，方向正确，过滤器与框架，框架与围护结构之间严密无穿透缝。框架式或粗效、中效袋式空气过滤器的安装，过滤器四周与框架均匀压紧，无可见缝隙并便于拆卸和更换滤料。卷绕式过滤器的安装框架安装平整，展开的滤料松紧适度，上下筒体平行	
	8	高效过滤器安装		高效过滤器采用机械密封时，采用了密封垫料，其厚度经现场抽测为（ ）mm并定位，贴在过滤器边框上安装后的垫料压缩均匀，压缩率实测为（ ）%。采用液槽密封时，槽架安装水平，无渗漏现象；槽内无污物和水分，槽内密封液高度实测为（ ）槽深。密封液的熔点应高于（ ）℃	
	9	消声器的安装		消声器安装前已进行了清除，经核查隐蔽验收记录，认为消声器保持干净，做到无油污和浮尘。消声器安装的位置方向正确，与风管的连接严密，无损坏与受潮。两组同类型消声器的连接方式为（串联/并联），现场安装的组合式消声器，消声组件的排列方向和位置经检查符合设计要求，单个消声器组件的固定牢固。消声器消声弯管均设置了独立支吊架。经抽测检查（ ）处符合要求	
	10	蒸汽加湿气安装		蒸汽加湿器设置了独立支架，并且安装牢固，接管正确，无渗漏现象。经抽测（ ）处符合要求	

续表

施工单位检查评定结果	项目专业质量检查员 （盖章）：		年　　月　　日
监理（建设）单位验收结论	监理工程师： （建设单位项目负责人）		年　　月　　日

考核评价

　　学生完成学习情境的成绩评定将按学生自评、小组互评、教师评价三阶段进行，并按学生自评占20%，小组互评占30%，教师评价占50%作为学生综合评价结果。

考核项目	评分标准	分数	学生自评	小组互评	教师评价	小计
团队合作	与小组成员、同学之间能合作交流、协调工作	5				
信息咨询	效果良好	5				
安全生产	无安全隐患	10				
现场7S	做到	10				
操作过程	任务完成	60				
劳动纪律	严格遵守	5				
创新意识	创新点	5				
总分	合计100分			得分		
教师签字：				年　　月　　日		

任务四　风管制作与安装

 学习目标

知识目标：

（1）熟悉风管制作与安装工序。

（2）掌握风管的制作要点及质量检验要求。

（3）掌握风管安装方法及安装质量要求。

能力目标：

（1）能够按照要求进行风管制作。

（2）能够对风管连接和安装。

（3）能够对风管安装质量进行检验。

（4）能够填写质量检验记录表。

素质目标：

（1）培养较强的工作规划能力。

（2）培养较强的动手能力和团队合作精神。

（3）培养沟通协调能力和较好的语言表达能力。

（4）培养严谨的工作作风和勤奋努力的工作态度。

相关知识

一、金属风管的制作与安装

1. 金属风管的种类

（1）普通钢板风管，如图 2-4-1 所示，俗称黑铁皮，厚度为 0.5~2.0 mm，有良好的机械强度和加工性能，便宜，应用广泛，易生锈，需刷油防腐。

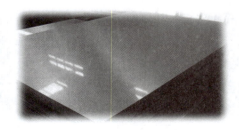

图 2-4-1　普通钢板风管

（2）镀锌钢板风管，如图 2-4-2 所示。镀锌薄钢板表面呈银白色，又称白铁皮，厚度为 0.25~2.00 mm，通风空调工程中常用厚度是 0.5~1.5 mm，镀锌层厚度不小于 0.02 mm。

表面有锌层，具有良好的防腐性能。表面光滑洁净，且有热镀锌特有的结晶花纹。

图 2-4-2　镀锌钢板风管

（3）彩色涂塑钢板风管。应采用咬接或铆接，且不得有十字形拼接缝。彩色钢板的涂塑面应设在风管内侧，加工时应避免损坏涂塑层，已损坏的涂塑层应进行修补。

（4）不锈钢风管，如图 2-4-3 所示。不锈钢风管有较高的强度和硬度，韧性大，可焊性强，在空气、酸、碱溶液或其他介质中有较高的化学稳定性。表面光洁，不易锈蚀和耐酸。加工存放过程中，不应使板材表面产生划痕、刮伤等。

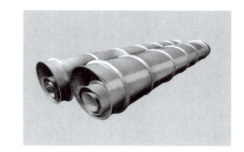

图 2-4-3　不锈钢风管

（5）铝合金风管，如图 2-4-4 所示。铝合金风管加工性能好，有良好的耐腐蚀性，但纯铝强度低。铝合金板具有较强的机械强度，比较轻，塑性及耐腐蚀性能也较好，易于加工成型。摩擦不易产生火花，常用于防爆系统。注意保护材料表面，不得出现划痕。

图 2-4-4　铝合金风管

2. 金属风管的制作

金属风管的制作主要分为以下几个工序：加工场地的布置→主要施工机具的准备→材料的检验→风管的制作。

（1）加工场地的布置。金属风管考虑在现场加工制作，金属风管的现场制作避免了由于工厂化加工造成的风管运输过程中的变形，同时能够灵活处理由于设计变更造成的对风管的修改，节省了时间，保证了工期，节约了运输成本。

（2）主要施工机具的准备。金属风管制作之前要先准备主要的施工机具。施工机具的准备包括施工工具的准备和施工机械的准备两个方面。

通风管道与配件的加工制作所需工具如下：

测量工具：不锈钢直尺、钢折尺、钢卷尺。

划线工具：角尺、量角器、墨斗、划规、卡尺、划针若干。

检验工具：水平仪、线坠、塞尺。

锤打工具：木槌、大锤。

切割工具：电剪。

金属钻孔工具：电动钻孔机。

通风管道与配件的加工制作所需施工机械如下：

剪板机：用于切割金属板材。

单平咬口机：用于金属板材的平咬口。

联合咬口机：用于金属板材的联合角咬口。

折方机：用于矩形通风管道的直边折方。

插接式咬口机：用于金属风管的无法兰连接。

（3）材料的检验。制作风管前，首先检查采用的材料是否符合质量要求，有无必备的出厂合格证明书或质量鉴定文件。所用的镀锌钢板表面要求光滑洁净，表面层有特有的镀锌层结晶花纹，且保证钢板镀钵厚度不小于 0.02 mm。所用型钢做到等型、均匀、无裂纹和气泡。

（4）风管的制作。金属风管的预制程序为：

①熟悉图纸。通风管道与部件加工制作之前首先熟悉施工图纸和有关技术文件，了解与通风空调系统在同一房间内的其他管道、生产工艺设备等的安装位置、标高以及有关土建图纸，如有图纸变更，结合变更图纸，绘制出风管加工制作图。

②现场复测。按图施工，是施工人员必须遵守的准则。但是对于通风管道来说，由于其体积大，按图纸加工好后，有时到现场就位时安装不上，这是因为：施工图纸对系统各个部位的尺寸标注不可能全部完备；土建施工误差造成建筑物的墙柱尺寸和间距、门窗位置和尺寸、预留孔洞的位置和大小、设备基础的位置和尺寸、层间高度等与设计图纸有出入；建筑结构尺寸的中途修改、变更。基于以上原因，必须在通风系统安装现场进行尺寸复测，以减少安装中的矛盾，并将复测的结果绘成草图，作为加工风管的依据。现场复测内容包括：

准备复测工具，预备复测所需的钢卷尺、角尺、线锤以及轻便梯子等。

a. 用卷尺测量通风空调系统安装部位与柱子间的距离、隔墙之间的距离和楼层高度。

b. 测量柱子的尺寸、窗的高度和宽度、墙壁的厚度。

c. 测量风管预留孔洞的尺寸和相对位置，离墙距离和标高。

d. 测量通风空调设备的基础或支架的尺寸、高度以及相对位置。

e. 测量与通风管道连接的设备连接口的位置、标高、尺寸和连接风管的位置。

将实测尺寸记录在加工制作图上。复测时发现通风管道或设备与其他设施相碰，不能按原图施工时，由现场设计组及时解决。

③绘制风管加工制作图。依据施工图纸和复测所得到的尺寸，绘制出正确的加工制作图，加工制作图的内容主要包括以下几个方面：

a. 根据图纸设计和实测结果确定风管的标高。

b. 确定干管及支管中心线离墙或柱子的距离。为了风管法兰螺栓便于操作，风管离墙要有 150 mm 以上的距离。

c. 按照《通风与空调工程施工及验收规范》和"全国通用通风管道配件图表"的要求确定三通、四通的高度及夹角，同时确定弯头角度和弯头的曲率半径。

d. 按照支管之间的距离和上项风管配件尺寸算出直风管的长度。

e. 按图纸确定风口的高度和干管的标高，扣除三通、弯头和其他配件的尺寸，标出支管的长度。

f. 按照施工规范和通风管道支吊架标准图集和现场情况，确定支吊架安装的数量、位置、结构形式和安装所需的加工件。

④通风管道与部件的加工制作。风管制作在干净、专门的预制场地内进行，风管预制车间地面敷设橡胶垫。

风管和部件的板材选用依据设计要求和规范规定，其用料规格见表 2-4-1～表 2-4-3。

表 2-4-1　不锈钢板风管和配件板材厚度

圆形风管直径或矩形风管大边长/mm	不锈钢板厚度/mm
100～500	0.5
560～1 120	0.75
1 250～2 000	1.00
2 500～4 000	1.2

表 2-4-2　钢板风管板材厚度

mm

类别	圆形风管	矩形风管		除尘系统风管
风管直径 D 或长边		中、低压系统	高压系统	
$D(b) \leqslant 320$	0.5	0.5	0.75	1.5
$320 < D(b) \leqslant 450$	0.6	0.6	0.75	1.5
$450 < D(b) \leqslant 630$	0.75	0.6	0.75	2.0
$630 < D(b) \leqslant 1\,000$	0.75	0.75	1.0	2.0
$1\,000 < D(b) \leqslant 1\,250$	1.0	1.0	1.0	2.0
$1\,250 < D(b) \leqslant 2\,000$	1.2	1.0	1.2	按设计
$2\,000 < D(b) \leqslant 4\,000$	按设计	1.2	按设计	按设计

表 2-4-3　铝板风管和配件板材厚度

圆形风管直径或矩形风管大边长/mm	铝板厚度/mm
100~320	1.0
360~630	1.5
700~2 000	2.0
2 500~4 000	2.5

3. 金属风管的连接

（1）连接方式的选择。金属风管的连接方式及其选择分别如图 2-4-5、表 2-4-4 所示。

图 2-4-5　金属风管连接方式

表 2-4-4　金属风管的连接方式选择

板厚/mm	材质		
	钢板（不包括镀锌钢板）	不锈钢板	铝板
$\delta \leqslant 1.0$	咬接	咬接	咬接
$1.0 < \delta \leqslant 1.2$	咬接	（氩弧焊及电焊）	咬接
$1.2 < \delta \leqslant 1.5$	焊接	焊接	焊接
$\delta > 1.5$	（电焊）	（氩弧焊及电焊）	（气焊或氩弧焊）

（2）咬口连接。咬口连接能增加风管强度，变形小，外形美观，在风管连接中应用广泛。

咬口有单平咬口、单立咬口、转角咬口、联合咬口、按扣式咬口等类型，咬口连接应根据使用范围选择咬口形式，如表 2-4-5 所示。

表 2-4-5　咬口连接

咬口形式	图形	用途
单平咬口		用于板材的拼接和圆形风管或部件、配件的纵向闭合缝
单立咬口		主要用于圆形弯管或直管、圆形来回弯的横向节间闭合缝

咬口形式	图形	用途
转角咬口		多用于矩形风管或部件的纵向闭合缝和有净化要求的空调系统，有时也用于矩形弯管、矩形三通的转角缝
联合咬口		也称包角咬口，主要用于矩形风管、弯管、三通及四通管的咬接
按扣式咬口		主要用于矩形风管的咬接，有时也用于矩形弯管、三通或四通等配件的咬接，便于机械化加工，漏风量较高，铝板风管不宜用此咬口形式

4. 金属风管的安装

（1）主要施工程序。熟悉审查图纸→施工机具与人员准备→部件的加工制作→通风管道及部件的安装→通风空调设备安装→风管漏风量测试→风管保温→通风空调系统试运转及试验调整→工程交工验收。

（2）主要施工方法。

①风管的组配。

法兰连接：风管与法兰的翻边拼接。拼接矩形风管法兰时，在平钢板上进行，先把两端法兰连接在风管上，并使管端露出法兰 10 m，然后将法兰和风管铆接在一起，铆好后，再用小锤将管端翻边，使风管翻边平整并紧贴法兰，且保证翻边宽度不小于 7 m。将铆接好法兰的风管按规范要求铆好加固框，编上标号，同时按设计要求安装风量、风压及温度测定孔，避免因安装后高空作业打孔，使风管变形不易修整。

风管的无法兰连接：风管的无法兰连接方法中插条连接是较为常用的一种形式，其施工工艺已较为成熟。风管的插条连接是用滚压成型的各种插条进行风管的对口连接，它广泛应用于较小矩形风管的连接。风管的插条连接与传统的角钢法兰连接方法相比，简化了烦琐的施工工艺，节省了钢材和工时，有效地提高了生产效率。

根据规范规定，这种连接方式的适用范围为大边边长在 120~630 m 的矩形风管。风管的上、下大边采用 S 形插条连接，风管的左右小边采用 C 形插条连接。

S 形插条的制作：S 形插条的下料宽度为 91 m，下料后将带料从 "YS 10 型" S 形插条机的中辊进料端喂入，经过 7 组辗轮的连续滚压变形，出料端出来的是呈图 2-4-6（a）形状的半成品工件，然后扳动到顺开关，使辗轮倒转将半成品工件从外辑的进料端喂入，依次通过辗轮逐渐变形，从另一端出来的就是呈图 2-4-6（b）形的成品加工件。

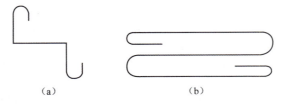

（a）　　　　　　　　　（b）

图 2-4-6　S 形插条的制作

C 形插条的制作：C 形插条的制作要求如图 2-4-7 所示。

图 2-4-7　C 形插条的制作要求

风管的插条连接：单独使用 S 形插条时，管口内边可直接与插条连接。与 C 形插条结合使用时，C 形插条插接的两端预留 2×（9~10）×180° 翻边的加长量。S 形插条的两端预留不少于 2×（15~20）的平插头。连接装配时，先插风管上下水平插条，然后再插装竖直插条，且插装到位后，将"舌头"折弯，贴压在已插装好的水平插条上。风管的插条连接如图 2-4-8 所示。

（a）　　　　　　　　　　　（b）

图 2-4-8　风管的插条连接

（a）C 形插条制作；（b）C 形插条安装

②通风管道与部件的安装。风管及部件安装注意事项：

a. 风管安装前，先检查风管穿越楼板、墙孔的尺寸，标高和标定支吊架的位置等是否符合要求。

b. 吊架之间的间距为 3 m，对于不足 3 m 长的管道在其两端各设一吊架。保温风管为防止冷桥产生在风管和吊架之间加设垫木，垫木的厚度同保温层。风管的吊架安装如图 2-4-9 所示。

c. 垂直风管每层不少于一个支架，层高大于 4 m 时支架不少于两个。

d. 风管安装前，必须经过预组装并检查合格后，方可按编写的顺序进行安装就位。

e. 法兰填料依据设计规定，如设计无规定时采用 8501 胶条，为保证法兰连接的严密性，8501 胶条必须形成封闭线条，不得有缺口的地方。法兰连接时，连接法兰的螺母设在同一侧。

f. 风管及部件安装前将管内外的积尘及污物清除，用聚乙烯薄膜封好两端，保持管内清洁，经清洗干净包装密封的风管及其部件，安装前不得拆卸。

图 2-4-9　风管的吊架安装

g. 风管的支吊架要避开风口、风阀、法兰、检查门等部件位置，配件的可卸接口不允许安装在墙洞或楼板内，支吊架与风管之间设垫木。

h. 消声器安装的方向保证正确，且不得损坏和受潮。消声器单独设支架，避免其重量由风管承受。

i. 防火阀安装前，检查其型号和位置是否符合设计要求、有无产品合格证，防火阀易熔片要迎气流方向安装，为防止易熔片脱落，易熔片在系统安装后再装，安装后做动作试验，另外防火阀安装时单独设支架。

j. 依据设计要求的位置安装排烟阀、排烟口及手控装置（包括预埋导管），排烟阀安装后做动作试验，检查其手动、电动操作是否灵敏、可靠，阀体关闭是否严密。

k. 进排风机，空调机的风管进出口与风管的连接处采用复合铝箔柔性玻纤软管，负压侧软管长度取 100 mm，正压侧软管长度取 150 mm。

l. 风口安装时，保证风口与风管连接的严密、牢固；风口的边框与建筑装饰面贴实；安装完毕的风口外表面保证其平整不变形，调节灵活。

m. 振动和噪声的预防是安装过程中的一个重点，安装过程中风管的振动和噪声的预防主要从以下几个方面着手：空调机组、风机和风管相连接的软接头的安装做到松紧适度，避免因软接过松减小进出风口面积而引起噪声和振动；为防止风管振动，在每个系统风管的转弯处、与空调设备和风口的连接处设固定支架。

二、非金属风管的制作与安装

1. 非金属风管的种类

非金属风管可分为无机玻璃钢风管（图 2-4-10）、玻镁风管（图 2-4-11）、酚醛风管（图 2-4-12）、聚氨酯风管（图 2-4-13）、玻璃纤维风管（图 2-4-14）、硬聚乙烯风管（图 2-4-15）等。

图 2-4-10　无机玻璃钢风管

图 2-4-11　玻镁风管

图 2-4-12　酚醛风管

图 2-4-13　聚氨酯风管

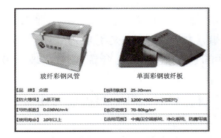

图 2-4-14　玻璃纤维风管

图 2-4-15　硬聚乙烯风管

2. 非金属风管的制作与安装（以酚醛风管为例）

（1）放样。

①矩形直风管放样。按风管制作任务单规定的组合方式计算放样尺寸。按计算的放样尺寸用钢直尺或钢卷尺在板材上丈量，用方铝合金靠尺和画笔在板材上画出板材切断、V 形槽线、45°斜坡线。

②T 形矩形风管放样。T 形矩形风管由两根矩形直管组成。按矩形直风管放样的方法，分别放样。主管在设计位置开孔，开孔尺寸为对应支管边长。用钢尺丈量，用画笔和方铝合金靠尺划出切断线、V 形槽线、45°斜坡线。

③矩形弯管的放样（弯头，S 形弯管）。矩形弯管一般由 4 块板组成。先按设计要求，在板材上放出侧样板，然后测量侧板弯曲边的长度，按侧板弯曲边长度，放内外弧板长方形样。画出切断线、45°斜坡线、压弯区线。

④矩形变径管的放样（靴形管）。矩形变径管一般由 4 块板组成。先按设计要求，在板材上对侧板放样，然后测量侧板变径边长度，按测量长度对上板放样。画出切断线、45°斜坡线、压弯处线或 V 形槽线。

矩形风管放样图如图 2-4-16 所示。所用刀具如图 2-4-17 所示。

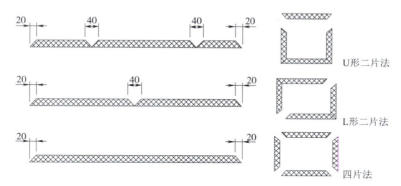

图 2-4-16　矩形风管放样图

图 2-4-17　刀具

（2）切割、压弯。

①检查风管板材放样是否符合风管制作任务单的要求，划线是否正确，板材有无损坏。检查刀具刀片安装是否牢固。检查刀片伸出高度是否符合要求。

②按直切边要求选择左 45°单刀刨或右 45°单刀刨。将板材放置在工作台上，方铝合金靠尺平行固定在恰当位置。

③角度切割时，要求工具的刀片安装时向左或向右倾斜 45°，以便切出的 V 形槽口成 90°，便于折成直角。切割时刀具要紧贴靠尺以保证切口平直并防止切割尺寸误差。

④板材切断成单块风管板后，将风管板编号，以防不同风管的风管板搞错。

⑤扎压风管曲面时，扎压间距一般在 30~70 cm 之间，扎压深度不宜超过 5 mm。板材压弯利用折弯。

（3）成型。

①用毛刷在板材切割面上涂刷胶粘剂。待涂胶不粘手时，将风管面板按设计要求黏合，并用刮板压平。

②检查板材接缝粘接是否达到质量标准，做好管段标记。

（4）加固。

①风管的加固有两种方法：一种是角加固，一种是平面加固。风管边长＞400 mm 时采用平面加固；250 mm≤风管边长≤400 mm 时采用角加固。

②平面加固是将加固支撑按需加强风管的边长用砂轮切割机下料，切断 DN15 镀锌管。在镀锌管两端，各放入 60 mm 长圆木条。用夹钳将圆木条固定在镀锌管两端。按设计要求用钢尺在风管面确定加强点。

③风管角加固是在风管四角粘贴厚度在 0.75 mm 以上的镀锌直角垫片，直角垫片的宽度与风管板材厚度相等，边长不小于 55 mm。

图 2-4-18 所示为风管加固示意图。

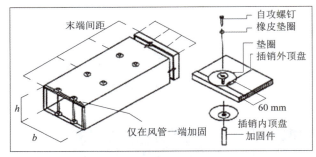

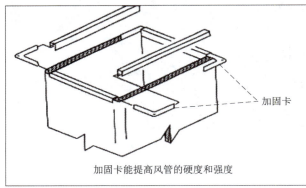

图 2-4-18　风管加固示意图

（5）风管连接。

①在选用 PVC 及铝合金成型连接件时，应注意连接件壁厚，插接法兰件的壁厚应大于等于 1.5 mm，管板厚度与法兰槽宽度应有 0.1~0.5 mm 过盈量，插件面应涂满胶粘剂。

②主风管上直接开口连接支风管可采用 90°连接件或其他专用连接件，连接件四角处应涂抹密封胶，主风管与柔性风管的连接应注意将环状止口顶在复合板上，再扳边固定。

（6）风管吊装。

①按系统编号和标记进行安装；检查安装部位风管的尺寸，法兰安装是否正确；风管及法兰制作允许偏差是否符合规定；风管安装前应清除其内、外表面粉尘及管内杂物。

②吊装风管，在风管下安装横担和防振垫，用平垫、弹垫、螺母固定横担。

③按设计要求安装连接风管、通风系统部件，对金属法兰和金属通风部件做绝热处理。

3. 施工质量控制管理

（1）制作风管时为保证风管制作后的强度，在下料时黏合处有一边要保留 20 mm 铝箔做护边。

（2）风管在黏合前需预组合，检查拼接缝处是否严密，尺寸是否符合要求。根据季节温度、湿度及胶粘剂的性能确定最佳黏合时间。粘接后，用角尺、钢卷尺检查、调整垂直度及对角线偏差应符合规定。

（3）做好现场板材和预制管的成品保护工作。

（4）连接和安装后，应检查粘接缝，在粘接后应平整，不得有歪斜、错位、局部开裂，以及 2 mm 以上的缝隙等缺陷。

（5）风管支吊架间距应符合规定。

4. 非金属风管的连接

非金属矩形风管的连接形式及适用范围如表 2-4-6 所示。

表 2-4-6　非金属矩形风管的连接形式及适用范围

非金属风管连接形式		附件材料	适用范围
45°榫接		铝箔胶带	酚醛铝箔复合板风管、聚氨酯铝箔复合板风管 $b \leqslant 500$ mm
榫接		铝箔胶带	丙烯酸树脂玻璃纤维复合风管 $b \leqslant 1\,800$ mm
槽形插接连接		PVC	低压风管 $b \leqslant 2\,000$ mm 中、高压风管 $b \leqslant 1\,600$ mm
工形插接连接		PVC	低压风管 $b \leqslant 2\,000$ mm 中、高压风管 $b \leqslant 1\,600$ mm
外套角钢法兰		铝合金	$b \leqslant 3\,000$ mm
		1.25×3	$b \leqslant 1\,000$ mm
		1.30×3	$b \leqslant 1\,600$ mm
		1.40×4	$b \leqslant 2\,000$ mm
C 形插接法兰	高度25~30 mm	PVC 铝合金	$b \leqslant 1\,600$ mm
		镀锌板厚度大于或等于 1.2 mm	

非金属风管连接形式		附件材料	适用范围
"h"插接法兰		PVC 铝合金	用于风管与阀部件及设备连接

注：b 为风管边长。

5. 非金属风管的安装

风管一般是沿墙、楼板或靠柱子敷设的，支架的形式应根据风管安装的部位、风管截面大小及工程具体情况选择，并应符合设计图纸或国家标准图的要求。

常用风管支架的形式有托架、吊架及立管夹。

（1）托架，如图 2-4-19 所示。

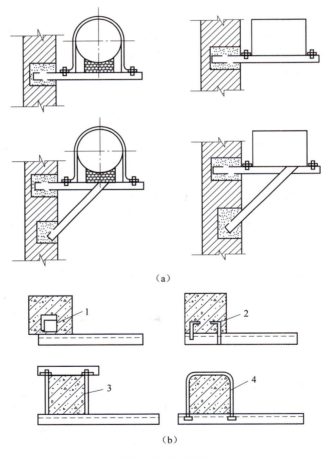

（a）

（b）

图 2-4-19 托架

（a）墙上托架；（b）柱上托架

1—预埋件；2—预埋螺栓；3—带帽螺栓；4—抱箍

（2）吊架，如图 2-4-20 所示。

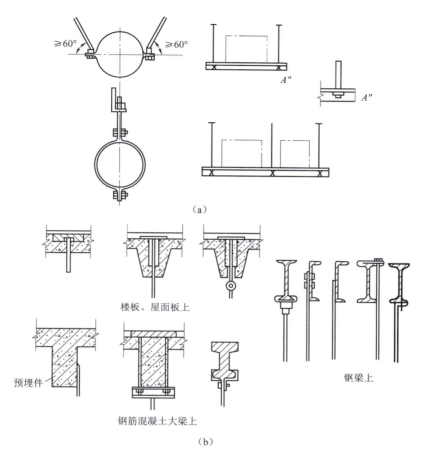

图 2-4-20　吊架

（a）吊架形式；（b）吊杆的固定

（3）立管夹，如图 2-4-21 所示。

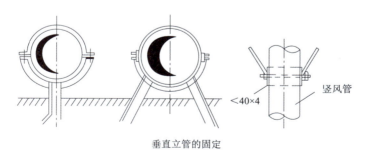

垂直立管的固定

图 2-4-21　立管夹

🌀 知识拓展

一张图了解槽口与拼接，如图 2-4-22 所示。

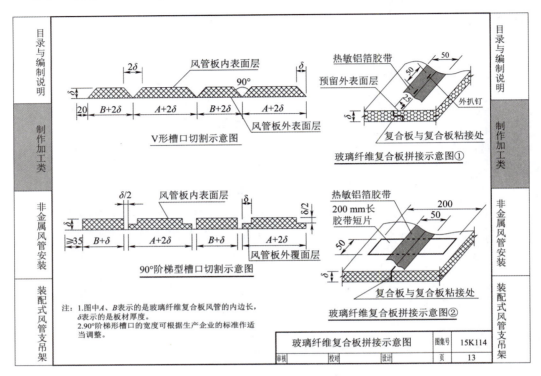

图 2-4-22 槽口与拼接示意图

👥 学习任务单

填空题

1. 风管用 1：1 经纬线的玻纤布增强，无机原料的质量含量为_____。

2. 进排风机，空调机的风管进出口与风管的连接处采用复合铝箔柔性玻纤软管，负压侧软管长度取_____mm，正压侧软管长度取_____mm。

3. 垂直风管每层不少于一个支架，层高大于 4 m 时支架不少于_____个。

4. 为了风管法兰螺栓便于操作，风管离墙要有_____mm 以上的距离。

📖 任务实施过程

按照图纸要求（图 2-4-23）制作酚醛直管段和 90°弯头（图 2-4-24）。

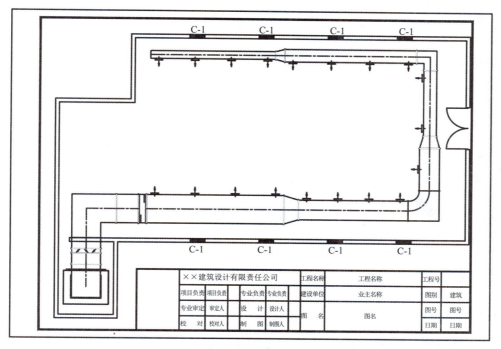

图 2-4-23　图纸

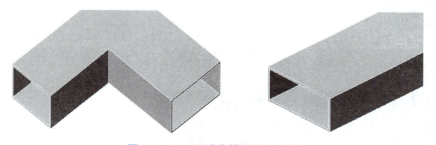

图 2-4-24　酚醛直管段和 90°弯头

一、准备材料

根据酚醛风管制作工艺，填写表 2-4-7 所示领料单。

表 2-4-7　领料单

组名：			负责人：	
序号	所领物品名称	单位	数量	备注
1				
2				
3				
4				

续表

序号	所领物品名称	单位	数量	备注
5				
6				
7				
8				
9				
10				
11				
12				
合计				

二、酚醛风管制作流程

根据图 2-4-25 所示酚醛风管制作流程进行酚醛风管的制作与连接。

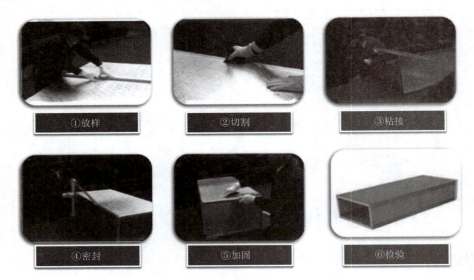

①放样　②切割　③粘接
④密封　⑤加固　⑥检验

图 2-4-25　酚醛风管制作流程

（1）绘制直管段和 90°弯头放样图。

放样原则：

①节省材料：整体下料。

②减少封边工作，利于粘接成型。

（2）切割。切割就是将板材按照划线的形状进行裁剪下料的过程。

（3）粘接。把切割好的板材粘接成型。

①粘接切割面，如图 2-4-26 所示。

图 2-4-26 粘接切割面

操作要点：清理凹槽。

②铝箔胶带粘贴，如图 2-4-27 所示。

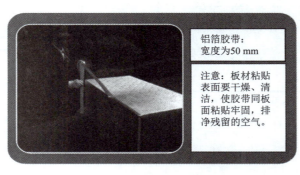

图 2-4-27 铝箔胶带粘贴

三、酚醛风管质量检验

检测指标及方法：

1. 尺寸检验

工具：尺。指标：与图纸尺寸一致。

2. 严密性检验

工具：150 W 白炽灯。指标：无明显条形漏光。

3. 外观质量检验

工具：尺。指标：风管方正，对角线之差不能大于 2 mm。

考核评价

学生完成学习情境的成绩评定将按学生自评、小组互评、教师评价三阶段进行，并按学生自评占 20%，小组互评占 30%，教师评价占 50% 作为学生综合评价结果。

考核项目	评分标准	分数	学生自评	小组互评	教师评价	小计
团队合作	与小组成员、同学之间能合作交流、协调工作	5				
信息咨询	效果良好	5				
安全生产	无安全隐患	10				
现场 7S	做到	10				
操作过程	任务完成	60				
劳动纪律	严格遵守	5				
创新意识	创新点	5				
总分	合计 100 分			得分		
教师签字：				年　　　月　　　日		

任务五　全空气空调系统调试

 学习目标

知识目标：

（1）掌握风量测定与调整的方法。

（2）掌握单机试运转及联合试运转的内容与方法。

能力目标：

（1）能够进行风量的测定及调整。

（2）能够对全空气空调系统的主要设备进行单机试运转。

（3）能够对全空气空调系统进行联合试运转。

（4）能够对调试过程中发现的问题提出恰当的改进措施。

素质目标：

（1）培养全空气空调工程施工的职业素养。

（2）培养认真严谨的工作态度。

（3）培养沟通协作的团体合作能力。

相关知识

风系统组成示意图如图 2-5-1 所示。

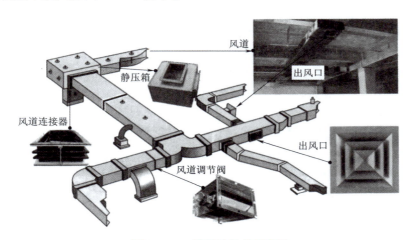

图 2-5-1　风系统组成示意图

一、单机试运转与调试

1. 空气处理机组试运转与调试

（1）启动时先"点动"，检查叶轮与机壳有无摩擦和异常声响，风机的旋转方向应与机壳上箭头所示方向一致。

（2）用电流表测量电动机的启动电流。待风机正常运转后，再测量电动机的运转电流，运转电流值应小于电动机额定电流值；如运转电流值超过电动机额定电流值，应将总风量调节阀逐渐关小，直至降到额定电流值。

（3）额定转速下的试运转应无异常振动与声响，连续试运转时间不应少于 2 h。

空气处理机组如图 2-5-2 所示。

图 2-5-2　空气处理机组

2. 制冷机组的调试

（1）根据冷间温度来确定蒸发温度。

对于冷藏设备来说，冷间温度是指食品的冷藏温度；对于空调设备来说，冷间温度是指房间温度。制冷装置运行的最终目标，就是要达到用户所需求的冷间温度。

正常情况下，冷间温度主要由蒸发温度来控制。蒸发温度（制冷剂的沸点）直接影响着被冷却介质的温度（如载冷剂、冷媒水和空气），被冷却介质的温度又决定着冷间温度。

从传热学角度考虑，蒸发温度与冷间温度的差值越大，传热效果越好。但是，若温差过大，则意味着蒸发温度过低。从制冷原理得知，在冷凝压力不变的情况下，蒸发温度越低，制冷剂的流量和单位制冷量就越小，制冷系数也就越低。因此，蒸发温度的调整过程就是选择一个合理传热温差的过程。

理论与实践证明：蒸发器以空气作为传热介质时，空气为自然对流，传热温差一般取 8~12 ℃；空气为强制对流，传热温差一般取 5~8 ℃。蒸发器以冷媒水或载冷剂为传热介质时，传热温差一般取 4~6 ℃。

系统流程如图 2-5-3 所示。

（2）调整蒸发温度主要依靠调整蒸发压力。

在保证最大制冷量的前提下，蒸发压力的调整一般通过调整膨胀阀的开启度来实现。膨胀阀的开启度越小，则制冷剂的循环量就越低，蒸发器内的制冷剂就相对减少，使制冷剂的沸腾量小于压缩机的吸气量，蒸发器内的压力就会降低。反之，膨胀阀的开启度越大，则蒸发压力越高。

在调试过程中，通常近似地把压缩机的吸气压力看作蒸发器中制冷剂的蒸发压力，与此压力相应的饱和温度即蒸发温度。把蒸发温度和冷间温度的差值与上述合理温差进行比较，可得知蒸发压力的调整是否合适。例如，在墙排管式冷藏库中，当是 R22 压缩机时，从饱和热理性质表可查出 R22 当前吸气压力对应的蒸发温度约-25 ℃，在直接冷却系统中，通常

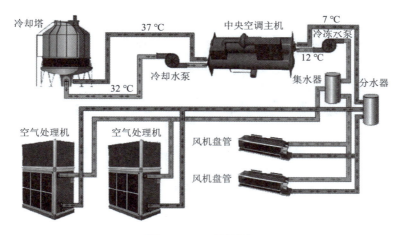

图 2-5-3　系统流程

要求蒸发温度比冷间温度低 5～10 ℃，那么在-25 ℃蒸发温度下，能满足冷间温度保持-15～20 ℃的要求。又如在空调冷水机组中，若 R22 压缩机吸气压力为 0.45 MPa，相应蒸发温度约为 3 ℃，考虑到冷媒水温度与蒸发温度需保持 4～5 ℃的温差，冷媒水与冷间空气需保持 5～10 ℃的温差，可满足风机盘管保持 13～18 ℃的送风温度要求。

（3）膨胀阀的调试方法。

在工作条件稳定的情况下，制冷系统蒸发温度和蒸发压力的调整，主要是对热力膨胀阀的调整。例如一冷库使用水冷机组，制冷剂为 R22，要求保持冷间温度是-10 ℃左右，机组第一次试运转中，其调试过程如下：

①启动压缩机让制冷装置投入调试运行。

②在开始调试时，由于冷间温度比较高，把膨胀阀的开启度调至蒸发器出口开始结霜状态，然后再稍开大一点，让系统运行一段时间。应当指出，膨胀阀于度不宜过大，过大易产生"液击"，但也不能把开度调得过小，因为过小造成制冷量过小，降温速度太慢。

③制冷运行比较稳定后，再调节膨胀阀，使霜层结到回气管的末端（即压缩机的吸入口），但压缩机气缸上不允许结霜，否则易引起"液击"。

④在调节膨胀阀的操作过程中，每一次的调节量不能过大，一般每次调 1/4～1/2 圈，而且调整一次后，让它有 20 min 左右的运转时间。经多次反复调整，使冷间温度下降至-10 ℃时，即蒸发温度为-20 ℃。

⑤在调整膨胀阀的同时，应注意其他运行参数的变化。按照冷凝温度与冷却水温度之间的关系，合理的冷凝温度应比 30 ℃高 5～9 ℃，同时蒸发器的结霜连续均匀，吸气温度在-5～0 ℃（若有气液过冷器，保持在 15 ℃过热度为宜），如无吸气温度计，则能见到霜刚好结到压缩机的吸入口，调试到此基本达到了设计要求。

（4）蒸发压力的调整。

关于蒸发压力的调整，对于有能量调节装置的压缩机，可通过调节压缩机的输气量来调整蒸发压力，如图 2-5-4 所示。当改变压缩机的输气量时，例如使压缩机从 4 缸运行变为 2 缸运行，压缩机的吸气量减少一半，则蒸发压力必将提高。有多台蒸发器并联工作时，改变蒸发器的工作台数，也可达到调整蒸发压力的目的。例如当工作台数减少时，实质上是减少了蒸发面积，可使蒸发压力下降。但这两种调节的主要目的是调整制冷量，而不是冷间温度。

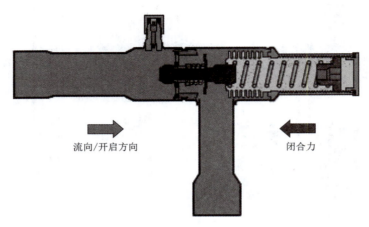

流向/开启方向　　　　　　　　　闭合力

图 2-5-4　能量调节阀工作原理

二、联合试运转与调试

1. 通风机性能测定

（1）脱开联轴器，使电动机单独运转，并在秤盘中加荷重，使秤杆平衡然后停止运转。

（2）接上联轴器，使通风机和电动机一起运转，启动时应暂时关闭节流器。

（3）变换节流器的网栅，使风量调节到一适当的数值，然后分别测出风筒进口静压 $H_{进口}$ 和截面 I 处的静压 $H_{静1}$，以及电动机的转速 n（r/min），并读出测功器平衡荷重的质量 G（kg）。

（4）继续改变风量，前后共计不少于 7 次，逐次分别测出其静压、转速和平衡荷重。

（5）在测试中途，用大气压力计测量一次当时室内的大气压力 $P_{大气}$（毫米水柱）及进风口附近的空气温度 $t_{大气}$（℃）和风筒内截面 I 处的空气温度 t_1（℃）。

（6）试验时的各项读数应分别记录在规定格式的记录纸上。

通风机性能测定示意图如图 2-5-5 所示。

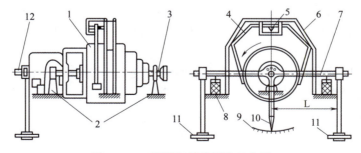

图 2-5-5　通风机性能测定示意图

1—电动机；2—支架；3—电动机轴；4—定子机壳吊架；5—刀口；6—机架；
7—平衡秤杆；8—支架；9—刻度；10—摆动指针；11—秤盘；12—测量转速的轴

2. 系统风量的测定与调整

（1）初测各干管、支干管、支管及送、回风口的风量。

（2）按设计要求调整各送、回风的干管、支干管以及各送、回风口的风量。

（3）在送、回风系统进行风量调整时，应同时测定与调整新风量，检查系统新风比是否满足设计要求。

（4）按设计要求调整送风机的总送风量。

（5）在系统风量达到平衡后，进一步调整送风机的总送风量，使之满足空调系统的设计要求。

（6）经调整后，在各部分调节阀不变动的情况下，重新测定各处的风量作为最后的实测风量。

（7）系统风量测定与调整完毕后，用红漆在所有阀门的把柄上作标记，并将阀门位置固定，不得随意变动。

系统风量的测定控制示意图如图 2-5-6 所示。

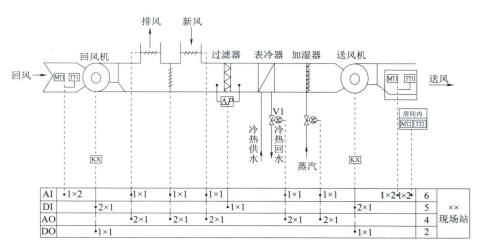

图 2-5-6　系统风量的测定控制示意图

3. 室内参数的测定与调整

（1）风量测定。空调系统的送风量、回风量和新风量、各分支管或风口的风量等均需经测定后确定，因此风量测定是空气动力工况测定的基本内容。

①管内风量测定。在测出管道断面面积（F）及空气平均流速（v）后，可根据下式计算风量：

$$L = v \times F \times 3\ 600 \quad (\text{m}^3/\text{h})$$

②风口风量测定。由于送风口和排风口位于室内，易于接近，并且连接风口的支管常常较短又不易接近，所以在风口处测定风量是正常的。在实际测试中，有时采用加罩测定，罩内不带风机，所以加罩后等于在该风口所在支路上增加阻力，风量有所减少。如果原有风系统阻力较大，加罩后对风量减少的影响较小，反之则不可忽视。

对于回风口的风量测定，由于吸气气流比较均匀，采用贴近风口用叶轮风速仪或热电式风速仪测定可行。

113

②系统风量调整。空调系统的风量调整实质上是通过改变管路阻力特性，使系统的总风量、新风量和回风量以及各支路的风量分配满足设计要求。空调系统的风量调整不能采用个别风口满足设计风量要求的局部调整法，因为任何局部调整都会对整个系统的风量分配发生或大或小的影响。

③系统漏风量检查。由于空调系统的空调箱、管道及各部件处连接和安装的不严密，造成在系统运行时存在不同程度的漏风。经过热湿处理或净化处理的空气在未到达空调房间之前漏失，显然会造成能量的无端浪费，严重时将影响整个系统的工作能力以致达不到原设计的要求。检查漏风量的方法是将所要检查的系统或系统中某一部分的进出通路堵死，利用一外接的风机通过管道向受检测部分送风，同时测量送入被测部分的风量和在内部造成的静压，从而找出漏风量与内部静压的关系曲线或关系式，即

$$\Delta P_j = A L_1$$

式中，A 为管道断面面积；ΔP_j 为所测部分内外静压差；L_1 为漏风量。

④室内静压调整。根据设计要求，某些房间要求保持内部静压高于或低于周围大气压力，同时一些相邻房间之间有时也要求不同的静压值。因此在空调测定与调整中也包括室内静压值的测定与调整。房间静压值的测定和调整方法主要是靠调节回风量实现的。在使用无回风的风机盘管加集中送风的系统时，室内正压完全由新风系统的送风量所决定。

⑤系统热力工况的测定。空调系统的热力工况测定是在空气动力工况测定与调整的基础上进行的。其目的，一是检验空气设备的容量是否能满足设计要求，二是检验空调的实际效果。

⑥空气处理设备容量检验。对一般空调系统，检测的主要设备是加热器、表冷器或喷水室。加热器的容量检验应在冬季工况下进行，以便尽可能接近设计工况。表冷器和喷水室的容量检测可在空气侧也可在水侧，或两侧同时测量。空气侧测量的主要难点是通过冷却干燥后的空气状态湿球温度不易测准，空气中带有一些水雾常常使干球和湿球表面打湿，因此，必须采取防水措施。

检测界面如图 2-5-7 所示。

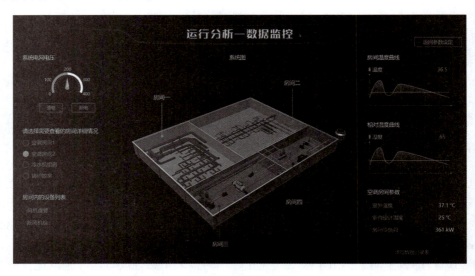

图 2-5-7 检测界面

⑦空调效果的检验。空调效果的检验主要指工作区内空气温度、风速及洁净度的实际控制效果的检测。因此，检测一般在接近设计的条件下，系统正常运行，自动控制系统投入工作后进行。室内空调效果的检验不仅是对既定空调系统工作效果的客观评价，也包含着对其不良效果的改进。通过对工作区空气参数的测量，常会发现气流分布、自动控制，甚至整个空调系统合理匹配方面的问题。

 **知识拓展**

变风量控制阀

变风量控制阀是为满足高标准的通风控制需要而设计的。它主要应用于实验室通风系统中，控制排风柜的排风量和柜门入口处的平均面风速从而达到安全和节能的目的。阀上安装有快速执行器，能在 3 s 内达到最大风量。由于排风柜排出的气体常含有各种各样的腐蚀性成分，因此控制阀中所有与气流接触的部件均由防腐材料 PPs 制成。阀体上的压差传感器可以拆下来检查与清洁。控制阀管径是排风柜的标准接管尺寸 250 mm，部分型号控制阀在管道中安装一块挡板，以使同一标准直径适合各种流量，并且能够保证在较低的压力损失情况下对气流有良好的控制。

学习任务单

填空题：

1. 风管风量测定时，测定断面应选择在局部构件之后_____的直管上。

2. 风管风量测定时，测定断面应选择在局部构件之前_____的直管上。

3. 如果系统实测风量远大于设计风量，最适宜采取的方法是_____。

4. 风口的风量、新风量、排风量、回风量的实测值与设计风量的允许值不大于_____。

5. 在矩形风管内测定平均风速时，应将风管测定截面划分为若干个相等的小截面，截面的边长不宜超过_____mm。

6. 风管断面面积为 8 m^2，测点数应为_____个。

任务实施过程

采用流量等比分配法对全空气系统风量进行测定与调整，送风系统如图 2-5-8 所示。

一、风量测定所需工具及材料

请列出系统风量测定所需的工具及材料，填入表 2-5-1 中。

表 2-5-1 所需工具及材料

名称	规格	单位	数量	备注

续表

名称	规格	单位	数量	备注

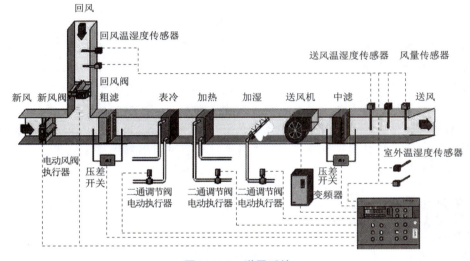

图 2-5-8　送风系统

二、风口风量的测定

（1）用热球风速仪在风口截面处用定点测量法进行测量。按风口截面大小，划分为若干面积相等的小块，在其中心处测量。

（2）用叶轮风速仪采用匀速移动法测量。对于截面积不大的风口，可将风速仪沿整个截面按一定的路线慢慢地匀速移动，移动时风速仪不得离开测定截面，此时测得的结果可认为是截面平均风速，此法进行三次，取平均值。

送（回）风口风量测定测点选择如图 2-5-9 所示。

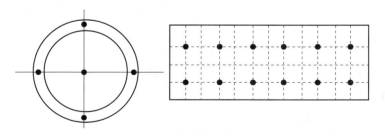

图 2-5-9　送（回）风口风量测定测点选择

三、系统风量的测定与调整

1. 测定断面的测点位置确定

测定断面的选择：局部阻力之后大于等于 5D，局部阻力之前大于等于 2D 的直管段上。风管断面的选择如图 2-5-10 所示。

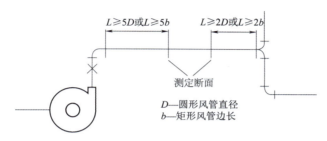

图 2-5-10　风管断面的选择

（1）矩形风管内测点的确定。对于较大的矩形风量，应将断面划分成若干个面积相等的小矩形，边长不超过 220 mm。测点分别为小矩形的中心，测孔通常在侧面。矩形风管内测点位置的确定如图 2-5-11 所示，测点数如表 2-5-2 所示。

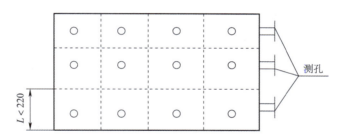

图 2-5-11　矩形风管内测点位置的确定

表 2-5-2　矩形风管测点数

风管断面面积/m²	等面积矩形数/个	测点数/个
≤1	2×2	4
>1~4	3×3	9
>4~9	3×4	12
>9~16	4×4	16

（2）圆形风管内测点的确定。划分成若干个面积相等的圆环，测定断面选在圆环的中心线上，测孔在侧面和下面。圆形风管内测点位置的确定如图 2-5-12 所示。圆形风管划分圆环数如表 2-5-3 所示。圆形风管测定截面内各圆环的测点与管壁的距离如表 2-5-4 所示。

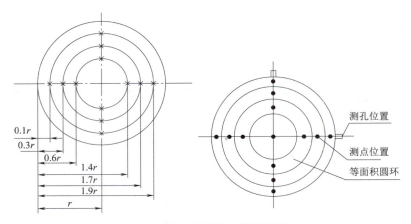

图 2-5-12　圆形风管内测点位置的确定

表 2-5-3　圆形风管划分圆环数

圆形风管直径/mm	200 以下	200~400	400~700	700 以上
圆环数/个	3	4	5	5~6

表 2-5-4　圆形风管测定截面内各圆环的测点与管壁的距离

圆环个数 测点号	3	4	5	6	圆环个数 测点号	4	5	6
1	0.1r	0.1r	0.05r	0.05r	7	1.8r	1.5r	1.3r
2	0.3r	0.2r	0.2r	0.15r	8	1.9r	1.7r	1.5r
3	0.6r	0.4r	0.3r	0.25r	9		1.8r	1.65r
4	1.4r	0.7r	0.5r	0.35r	10		1.95r	1.75r
5	1.7r	1.3r	0.7r	0.5r	11			1.85r
6	1.9r	1.6r	1.3r	0.7r	12			1.95r
注：r 为圆形风管半径								

2. 绘制系统草图

给出系统单线草图，在草图上标明风管尺寸、测定截面位置、风阀位置、送（回）风口的位置等。在测定截面处说明设计风量、面积。风量测量记录填在表 2-5-5 中。

表 2-5-5　风量测量记录

风口编号	设计风量	最初实测风量	最初实测风量/设计风量×100%

考核评价

　　学生完成学习情境的成绩评定将按学生自评、小组互评、教师评价三阶段进行，并按学生自评占 20%，小组互评占 30%，教师评价占 50% 作为学生综合评价结果。

考核项目	评分标准	分数	学生自评	小组互评	教师评价	小计
团队合作	与小组成员、同学之间能合作交流、协调工作	5				
信息咨询	效果良好	5				
安全生产	无安全隐患	10				
现场 7S	做到	10				
操作过程	任务完成	60				
劳动纪律	严格遵守	5				
创新意识	创新点	5				
总分	合计 100 分		得分			
教师签字：				年　　　月　　　日		

空气–水空调系统施工与运行管理

项目描述

　　空气–水空调系统是空气和水共同承担室内冷、热、湿负荷的系统，常见系统形式为风机盘管加新风系统，如图 3-1 所示，目前在办公类建筑和宾馆等场所得到广泛的应用。

　　由于空气–水空调系统复杂，所以每套空调系统都要根据客户使用要求、地域气候条件、所处现场的建筑结构等因素进行完整设计。没有设计图纸而进行的安装施工都是不允许的，应该杜绝。按图施工是基本的施工要求。

　　（1）根据设计部门出具的施工图纸和编制的施工组织设计进行空气–水空调系统施工。

　　（2）合理、科学地编制空气–水空调系统调试方案，并根据调试方案对系统进行气密性试验、真空度试验、调试运转。调试完毕后，同设计指标和验收规范要求进行比较，若发现问题，提出恰当的改进措施。

　　（3）根据操作规程及管理要求，进行空气–水空调系统的操作和维护保养。

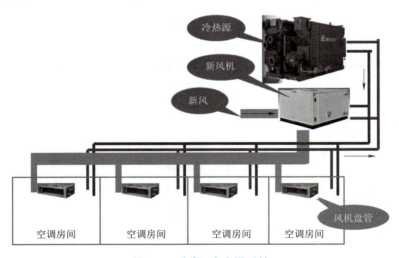

图 3-1　空气–水空调系统

学习目标

　　（1）掌握空气–水空调系统的组成。

（2）能够安排空气-水空调系统施工准备工作。

（3）能够根据施工组织设计及验收规范进行风机盘管的安装。

（4）能够根据施工组织设计及验收规范进行水系统管路的制作与安装。

（5）能够编写空气-水空调系统调试方案，并进行系统调试。

（6）能够进行空气-水空调系统操作、运行管理及故障排除。

（7）培养沟通协调能力及语言表达能力。

（8）培养严谨的工作作风和勤奋努力的工作态度。

（9）培养高度的事业心和责任心。

✅ 工作流程

施工准备——→水系统设备安装——→水系统管道及附件安装——→系统调试及验收。

✅ 教学载体

以某宾馆风机盘管加新风空调工程真实项目（图 3-2 和图 3-3）为载体，介绍空气-水空调系统施工与运行管理。

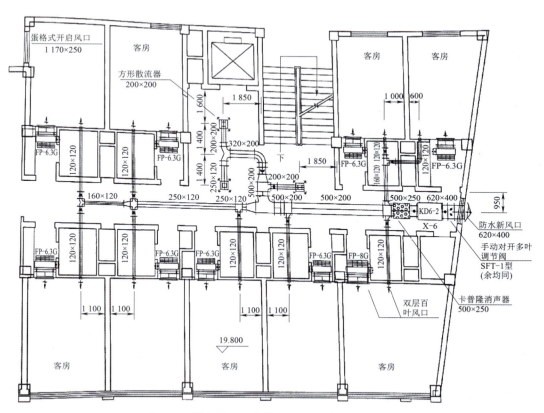

图 3-2　某宾馆风机盘管加新风系统风管平面图

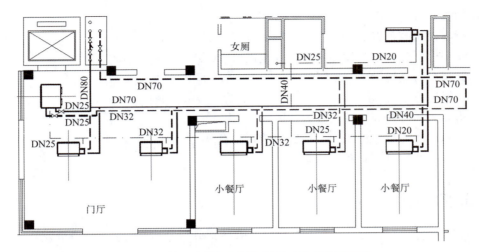

图 3-3　某宾馆风机盘管加新风系统水管平面图

任务一　空气-水空调系统施工准备

学习目标

知识目标：

（1）了解施工准备工作的重要性。

（2）了解空气-水空调系统施工前准备工作的具体内容。

（3）了解空气-水空调系统施工准备工作的要求。

（4）掌握空气-水空调系统的组成。

能力目标：

（1）能够有效收集相关技术经济信息与资料。

（2）能够对施工图进行识读与会审。

（3）能够根据工程特点，进行施工前准备工作。

素质目标：

（1）培养较强的工作规划能力。

（2）培养较强的动手能力和团队合作精神。

（3）培养沟通协调能力和较好的语言表达能力。

（4）培养严谨的工作作风和勤奋努力的工作态度。

相关知识

一、空气-水空调系统简介

1. 空气-水空调系统的组成

空气-水空调系统由冷水机组、冷冻水系统（含冷凝水系统）、冷却水系统、空气处理设备（风机盘管和新风机组）4 部分组成。冷水机组、冷冻水系统（含冷凝水系统）、冷却水系统和新风机组的安装与全空气式相同，这里主要介绍风机盘管。

2. 风机盘管的组成及特点

风机盘管系统组成部件（图 3-1-1）：风机盘管、进回水阀门、Y 型过滤器、电磁阀/水阀、控制面板、送回风管及风口、保温材料、新风管、水管、金属软管。空气-水空调系统工作流程如图 3-1-2 所示。

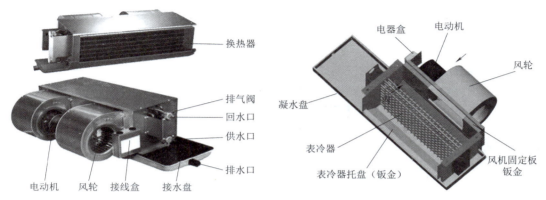

图 3-1-1　风机盘管系统组成部件

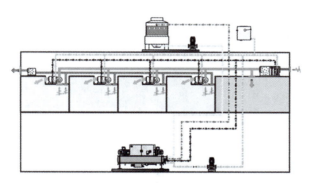

图 3-1-2　空气-水空调系统工作流程

优点：体积小，效率高，噪声低，能耗低。机体结构精致、紧凑、坚固耐用，盘管采用优质镀锌板机壳，冷凝水盘采用模压工艺一体成型，无焊缝、焊点，符合防火规范的保温材料整体连接于水盘。

缺点：由于这种方式只基于对流换热，而致使室内达不到最佳的舒适水平，故只适用于人停留时间较短的场所，如办公室及宾馆，而不用于普通住宅。由于增加了风机，需要增加风管，提高了造价和运行费用，设备的维护和管理也较为复杂。

工作原理：依靠风机的强制作用，使空气通过盘管，机组内不断地再循环所在房间的空气，使空气通过冷水（热水）盘管后被冷却（加热），以保持房间温度的恒定，维持在一个人认为舒服的环境温度。

二、施工工具准备

施工主要机具：电锤、手电钻、活扳手、套筒扳手、钢锯、管钳子、锤子、台虎钳、丝锥、套螺纹板、水平尺、线坠、手压泵、压力案子、气焊工具等。

三、施工图纸审核

相关图纸如图 3-1-3~图 3-1-7 所示。

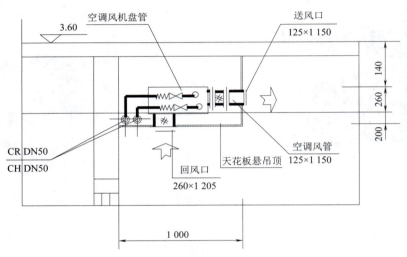

图 3-1-3　风机盘管安装大样图

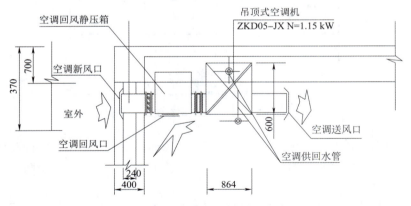

图 3-1-4　新风系统安装大样图

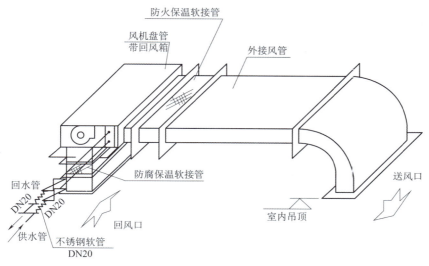

图 3-1-5 带风管的风机盘管安装示意图

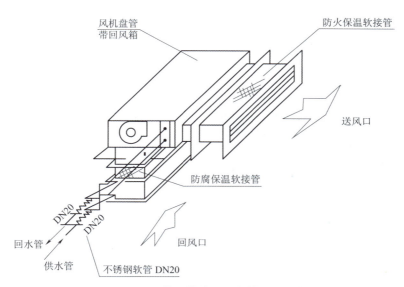

图 3-1-6 不带风管的风机盘管安装示意图

图 3-1-7 风机盘管接管图

知识拓展

太阳能水空调——科技创新

现有空调装置的制冷方式有压缩式制冷、吸收式制冷、热电制冷等，而大多数空调制冷剂是 R22、134a、407c，都会破坏大气臭氧层，污染地球环境。而且空调设备消耗能源极大，据统计居民空调消耗电能占居民消耗电能的 50%，特别是在夏季空调消耗能源巨大，大大影响人类生产生活。太阳能水空调实物及组成如图 3-1-8 所示。太阳能水空调是节能环保太阳能空调，工作时以太阳能为能源，通过太阳能冷热交换器吸收太阳光能，使其产生物理反应，相互交换热量，达到制冷、制热空气的效果，令气流进入室内，达到室温调配的效果。

该系统的核心是一台太阳光冷热交换板，能通过吸收太阳光能，使其产生物理反应，相互交换热量，将室外空气转换成冷、热空气。这种太阳光冷热交换板可以充分吸收太阳能并转化为冷源或热源，同时在工作时不产生任何有害气体和温室气体，不使用任何对大气有污染的制冷剂或物质，同时工作能源消耗小，效率高、节能、环保。制冷状态工作中空气最低温度可至 6 ℃左右，制热状态工作中空气最高温度可至 50 ℃左右。太阳能水空调三维模型这种设备最大的优势在于，在太阳最烈的时候人们最需要制冷，而太阳光能越多，该设备就更容易搜集到大量能量加以利用。特别适合我国光照较好地区大型建筑物和中大型汽车中使用。

太阳能水空调系统兼顾制冷和制热两个方面的应用，大型办公楼、商业市场、医院、体育建筑区等都是理想的应用对象。

图 3-1-8 太阳能水空调实物及组成

 ## 学习任务单

填空题

1. 空气-水空调系统由 _____、_____、_____、_____、_____ 5 部分组成。

2. 绘制空气-水空调系统工作流程图。

3. 列出空气-水空调系统施工需要准备的设备及工具的用途，填入表 3-1-1 中。

表 3-1-1 施工所需设备及用途

名称	用途	名称	用途

续表

名称	用途	名称	用途

  任务实施过程

以小组为单位对图 3-1-9 所示空调平面图进行会审，回答以下问题，并填写图纸会审记录。

一、识读要点

（1）新风机组通常设置在邻近建筑外墙的走廊处。

（2）办公室风机盘管通常均匀布置。

（3）风管布置与全空气空调系统相似。风管较简单，风管断面规格小，风口数量少，风口类型同全空气空调系统。

（4）主风管通常设置在走廊处，为便于走廊通风可在风管上直接安装风口。

（5）新风机组较少有新风机房，而是将机组直接吊装在板上，注意减振。

（6）水系统复杂，每个风机盘管均需连接三条水管，分别是供水管、回水管和冷凝水管。

（7）新风机组也需接三条水管。

（8）水管均需做保温层。

（9）冷凝水通常就近排放，如果不能，则设置管道进行集中排放。

（10）水系统最高点设自动放气阀，最低点设泄水装置。

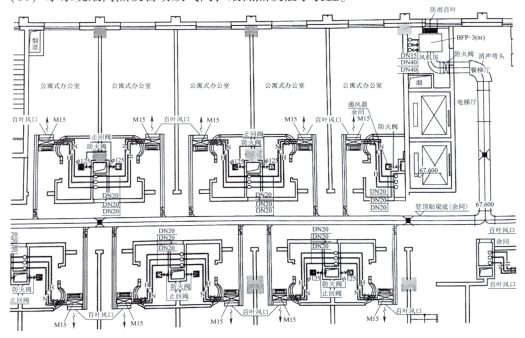

图 3-1-9 施工图识读

二、图纸会审记录

图纸会审记录在表3-1-2中。

表 3-1-2　图纸会审记录

工程名称		共　页
		第　页

图纸编号	提出问题	会审结果
参加会审人员		

会审单位（公章）	建设单位	监理单位	设计单位	施工单位

【多方协同】

能用众力，则无敌于天下矣；能用众智，则无畏于圣人矣。

——三国·孙权

施工图纸会审	**图纸会审的一般程序**
施工图纸会审是指承担施工阶段监理的监理单位组织施工单位以及建设单位，材料、设备供货等相关单位，在收到审查合格的施工图设计文件后，在设计交底前进行的全面细致熟悉和审查施工图纸的活动。	业主或监理方主持人发言——设计方图纸交底——施工方、监理方代表提问题——逐条研究——形成会审记录文件——签字、盖章后生效。

考核评价

学生完成学习情境的成绩评定将按学生自评、小组互评、教师评价三阶段进行，并按学生自评占20%，小组互评占30%，教师评价占50%作为学生综合评价结果。

考核项目	评分标准	分数	学生自评	小组互评	教师评价	小计
团队合作	与小组成员、同学之间能合作交流、协调工作	5				
信息咨询	效果良好	5				
安全生产	无安全隐患	10				
现场7S	做到	10				
操作过程	任务完成	60				
劳动纪律	严格遵守	5				
创新意识	创新点	5				
总分	合计100分		得分			
教师签字：				年　　月　　日		

任务二　水系统设备的安装

学习目标

知识目标：

（1）熟悉风机盘管的安装工序。

（2）掌握风机盘管安装质量检验要求。

（3）掌握水系统辅助设备的安装方法及安装质量要求。

能力目标：

（1）能够进行风机盘管及辅助设备安装。

（2）能够对水系统设备安装质量进行检验。

（3）能够填写质量检验记录表。

素质目标：

（1）培养较强的工作规划能力。

（2）培养较强的动手能力和团队合作精神。

（3）培养沟通协调能力和较好的语言表达能力。

（4）培养严谨的工作作风和勤奋努力的工作态度。

 相 关 知 识

一、风机盘管的安装

1. 安装流程

风机盘管安装流程为：施工准备——电动机检查试转——表冷器检查——打气试压——吊架安装——风机盘管安装——连接配管等几大步骤。

2. 安装要点

在风机盘管安装的过程中有两点需要牢记：

（1）在安装风机盘管时，风口表面应横平竖直，必须紧贴墙面或装饰面板，使其美观大方。

（2）出风口应设置在室内人员活动的主要场所，进排风口应无障碍物，两者应有一定的间距，不能形成短路现象。

3. 风机盘管支架固定安装

（1）风机盘管应设置独立的支、吊架固定。

（2）根据施工图确定吊杆生根位置，生根一般采用膨胀螺栓。

（3）按风机盘管不同的型号、质量选取相应规格的吊杆。

（4）减振吊架的安装应符合设计要求。

4. 风机盘管安装要求

（1）卧式风机盘管安装的高度、位置应正确，吊杆与盘管连接应用双螺母紧固找平，并在螺母上加 3 mm 厚的橡胶垫。

（2）吊装盘管应坡向水盘排水口。

（3）暗装的卧式风机盘管在吊顶处应留有检查门，以便于机组维修。

（4）立式风机盘管安装应牢固，位置及高度应正确。

5. 风机盘管安装注意事项

（1）搬运风机盘管机组应小心轻放，不得手执叶轮、蜗壳搬运风机盘管机组，以免叶轮变形；不得把进出水管作为搬运手柄。

（2）吊装时应保持风机盘管机组水平安装以保证冷凝水的顺利排放，接水管为下进上出水，螺纹连接应用生料带以确保密封。接管时应先从盘管进水一侧接起，并采用软管接头，以保护风机盘管水接头部不致扭伤。

（3）风机盘管安装时，进出水管管道应设阀门，以调节水量，也可配用电动阀用温控器控制，电器的连接方法应严格按照风机盘管机组电气连接图连接。

（4）与风机盘管机组连接的风管与水管的质量不得由风机盘管机组本身单独承受。

（5）通电运行前必须先清洗风机盘管机组，确保风机、水管及管路内无异物。

（6）通水使用时必须打开风机盘管机组放气阀，排清管内空气，待有水流出时再关闭放气阀。

（7）风机盘管机组使用冷水温度不低于 5 ℃，热水温度不低于 80 ℃，要求水质干净，尽量使用软质水。

（8）根据使用现场情况定期清洗中央空调风机盘管过滤网及表冷器。

（9）风机盘管机组停用时，冬季需注意防冻，以防管子冻裂。

二、冷却塔的安装

1. 冷却塔本体安装要求

（1）冷却塔的安装应根据设备的各种条件，考虑其安装位置的地面及其荷载能力，同时也必须考虑所必备的外界条件。

（2）安装时应注意冷却塔的基础按规定的尺寸预埋好水平钢板，各基础点的标高应在同一标高的水平面上。

（3）塔体应放置水平。水塔在施工安装时，为防止压坏底盘，施工人员应踏在底盘的加强筋上，在安装塔外壳、底盘等纤维件时，为防止外壳底盘等变形可先穿螺钉，而后依次逐渐紧固，在确认底盘不变形，附近干净、干燥的条件下，为避免使用时漏水可在接触处铺设纤维毡及涂树脂。冷却塔不得安装在通风不良和出现湿空气回流的场合，必须安装在通风良好的场所，否则将会降低冷却塔的冷却能力。冷却塔一般安装在冷冻站的屋顶上，以形成高压头，用以克服冷凝器的阻力损失。水泵将需要处理的冷却水从水池抽出送至冷却塔，经冷却降温后从塔底集水盘向下自流压入冷凝器中，并继而靠水头压差自流入水池，如此循环。安装时，应根据施工图指明的坐标位置就位，并应找平找正，设备要稳定牢固，冷却塔的出水管口及喷嘴方向、位置应正确。

空调水系统如图 3-2-1 所示。

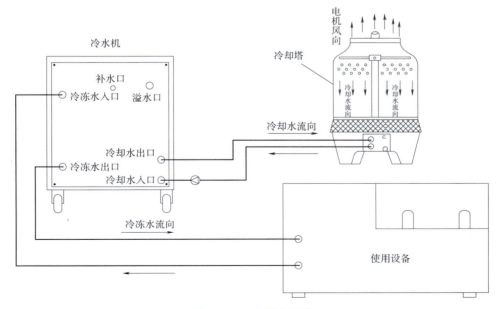

图 3-2-1 空调水系统

2. 冷却塔补水底盘施工方法

（1）贴合前准备。

①贴合处必须保持无灰尘及不潮湿。

②树脂与硬化剂的调和：每次调和量1 kg最适合，不要超过2 kg，用完再调再用，比例为1 kg树脂，用10 mL硬化剂。

（2）贴合方法：先用毛刷涂调和好的树脂，后贴玻璃纤维，再涂上树脂，重复2~3次。

（3）注意事项。

①贴合处需6 h后才能使用，不可施压力及踩踏。

②玻璃纤维使用前不可潮湿，如潮湿必须烘干才可使用。

冷却塔实物如图3-2-2所示。

图3-2-2 冷却塔实物

3. 安装注意事项

（1）场地选择。

①应避免装于防水通道、易反射音量的高墙，应装于屋顶或空气流通的地方。

②两台或两台以上冷却塔并用时，应留意冷却塔间距。

③不应安装在四周有外墙或密不透风的地方，并应留意塔身与外墙间距。

④应避免安装在有煤烟及灰尘较多的地方，以防煤烟及灰尘堵塞胶片。

⑤应远离厨房及锅炉房等高温环境。

（2）安装方向及放置要领。

①安装方向只要注意容易配管即可。

②放置时应平放，不能倾斜，以免散水不均而影响冷却效果。

③基础螺丝应栓紧。

（3）配管。

①循环水出入水管的配管，向下为最佳，避免突高的配管，且不能有高于下方水槽的配管。

②配管的大小应照塔底的接管尺寸装接，否则过小影响效果，过大则浪费材料。

③循环水泵应低于正常操作中下部水槽水位。

④冷却塔两台以上并用，而只使用一台水泵时，水槽需另装一连通管，使两台并用的冷却塔的水位同高。

⑤4 in（10 cm）以上至循环水出入口接管处，宜用防振软管（高压橡胶管等），借以防止塔身因管路振动所引起的振动，又可避免因配管不正而使水盘破裂的损失。

（4）其他事项。

①安装完毕时应检查有无工具或其他无关物置放塔内或排风扇口。

②注意配管或水盘有无漏水。

③供水水源低于冷却塔时或水压不够供水时，需另装一台水泵或另装一较高的补水箱，以供补充用水。

三、水泵的安装

1. 水泵安装方法

（1）在地理环境许可的条件下，水泵应尽量靠近水源，以减少吸水管的长度。水泵安装处的地基应牢固，对固定式泵站应修专门的基础。

（2）进水管路应密封可靠，必须有专用支撑，不可吊在水泵上。装有底阀的进水管，应尽量使底阀轴线与水平面垂直安装，其轴线与水平面的夹角不得小于 45°。水源为渠道时，底阀应高于水底 0.50 m 以上，且加网防止杂物进入泵内。

（3）机、泵底座应水平，与基础的连接应牢固。机、泵皮带传动时，皮带紧边在下，这样传动效率高，水泵叶轮转向应与箭头指示方向一致；采用联轴器传动时，机、泵必须同轴线。

（4）水泵的安装位置应满足允许吸上真空高度的要求，基础必须水平、稳固，保证动力机械的旋转方向与水泵的旋转方向一致。

（5）若同一机房内有多台机组，机组与机组之间，机组与墙壁之间都应有 800 mm 以上的距离。

（6）水泵吸水管必须密封良好，且尽量减少弯头和闸阀，加注引水时应排尽空气，运行时管内不应积聚空气，要求吸水管微呈上斜与水泵进水口连接，进水口应有一定的淹没深度。

水泵是输送液体或使液体增压的机械。它将原动机的机械能或其他外部能量传送给液体，使液体能量增加，主要用来输送的液体包括水、油、酸碱液、乳化液、悬乳液和液态金属等，也可输送液体、气体混合物以及含悬浮固体物的液体。

安全施工

为保证施工安全，减少和避免安全事故，施工现场需设置安全警示标志，提醒、警示进入施工现场的有关人员。

 知识拓展

我国风机盘管新技术走向

风机盘管机组，是半集中式空调系统中不可缺少的重要装置。我国从 1972 年开始研制风机盘管机组，并首先应用于北京饭店新楼的空调系统中。近年来它无论是在技术上还是在产品数量上发展得都很快，为了提高实际工程中风机盘管效能，长期以来科研技术人员主要从风机盘管的新结构形式、提高换热效率、降低噪声、提高室内空气品质和自动控制水平等几个方面入手，做了深入的研究，并且提出了很多设计和改进方案。

我国于 1991 年发布了风机盘管产品行业标准 JB/T 4283—1991《风机盘管机组》，该标准规定按风量、供冷（热）量、噪声等参数大小来划分产品质量等级，这造成风机盘管性能单一、低静压、高焓差、实际风量不足、送风温差过大、实际性能和使用效果打折等不良倾向的出现。相比之下，国外厂商则更注重不断提高成品性能和使用效果。目前，不同风量的产品中，不仅已有 2 排、3 排、(2+1) 排等不同冷、热量的单一盘管或组合盘管，而且还提供高静压、标准静压、低噪声等不同送风静压的产品。因而同一名义风量中，就有多种不同静压和不同焓差的产品。这与目前国内多数厂家只有一种低静压、高焓差产品的国产风机盘管相比，其差距是显而易见的。2003 年 12 月 1 日，GB/T 19232—2003《风机盘管机组》开始颁布实施。新国标与已废止的 JB/T 4283—1991《风机盘管机组》相比较，从型号规格、名词定义及技术参数、安装方式等都有了一些新的规定，更加符合市场需求，有利于促进国内风机盘管整体水平的提高。

学习任务单

识图题：

1. 图 3-2-3 所示为风机盘管安装示意图，请填写图中编号的设备及仪表的名称。

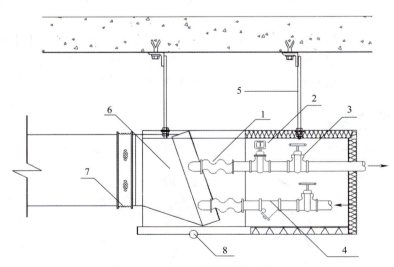

图 3-2-3 风机盘管安装示意图

1. ＿＿＿＿＿＿　　2. ＿＿＿＿＿＿　　3. ＿＿＿＿＿＿　　4. ＿＿＿＿＿＿

5. ＿＿＿＿＿＿　　6. ＿＿＿＿＿＿　　7. ＿＿＿＿＿＿　　8. ＿＿＿＿＿＿

任务实施过程

以小组为单位，按照风机盘管安装流程进行风机盘管安装。

一、风机盘管安装规范

（1）在风机盘管中使用的主材、辅材等，需符合相应的设计要求，具备合格证，拥有较高的质量，这样才能保证设备运行的顺利。

（2）风机盘管的安装不是简单的一件事，为保证整体的美观和运行顺利，首先风口表面需横平竖直，出风口应设置在人主要活动的区域，需确保风口处无障碍物。

（3）为避免风机盘管出现堵塞情况，需要在机组供水处安装过滤器；水系统相关位置需设置排气阀和排污泄水装置，以保证设备的正常运行。

（4）暖通空调风机盘管在运行过程中，难免会形成一定的噪声，因此在施工安装过程中需要做好减振工作，例如进出水管安装橡胶软接头等。

二、风机盘管施工步骤

第一步：进行卧式机组吊装，注意做好固定工作，同时为保证冷凝水可以顺利流出，需保证水盘坡向排水管 5°以上。

第二步：着手进行机组的安装，水管和机组之间的安装要做好密封工作，同时注意保护管道，避免用力过猛造成裂痕的情况。

第三步：为减少管道堵塞情况，下一步要着手安装过滤器，需在进水管和冷冻水水泵进口处安装。建议水最好做过软化处理，这样可以更好地延长机组的寿命。

第四步：在进出水处安装相应的阀门，严格按照电气原理图连姿风机盘管的电源和开关。注意在安装连接过程中要确保符合规范和要求。

考核评价

学生完成学习情境的成绩评定将按学生自评、小组互评、教师评价三阶段进行，并按学生自评占 20%，小组互评占 30%，教师评价占 50% 作为学生综合评价结果。

考核项目	评分标准	分数	学生自评	小组互评	教师评价	小计
团队合作	与小组成员、同学之间能合作交流、协调工作	5				
信息咨询	效果良好	5				
安全生产	无安全隐患	10				

考核项目	评分标准	分数	学生自评	小组互评	教师评价	小计
现场 7S	做到	10				
操作过程	任务完成	60				
劳动纪律	严格遵守	5				
创新意识	创新点	5				
总分	合计 100 分			得分		
教师签字：				年　　　月　　　日		

任务三　水系统管道及附件的安装

学习目标

知识目标：

（1）熟悉水系统管道制作与安装工序。

（2）掌握水系统管道的制作要点及质量检验要求。

（3）掌握水系统管道安装方法及安装质量要求。

（4）掌握水系统附件的安装方法及要点。

能力目标：

（1）能够按照要求进行水系统管道制作。

（2）能够对水系统管道及附件进行连接和安装。

（3）能够对水系统管道及附件安装质量进行检验。

（4）能够填写质量检验记录表。

素质目标：

（1）培养较强的工作规划能力。

（2）培养较强的动手能力和团队合作精神。

（3）培养沟通协调能力和较好的语言表达能力。

（4）培养严谨的工作作风和勤奋努力的工作态度。

相关知识

一、水系统管道的制作与安装

1. 水系统管道的制作

（1）切管。

①切管工具。

a. 手工切断。手工切断管子可用钢锯或割管器两种工具。

b. 机械切断。机械切断，是将管子固定在锯床上，锯条对准切断线即可切断，或用无齿锯切割。

c. 磨割。磨割常用于金属管、塑料管等管材的切断。

d. 气割。气割是利用氧气和乙炔燃烧时产生的热能，使切割的金属在高温下熔化，产生氧化铁焊渣，然后用高压氧气气流，将焊渣吹离金属，使管子被切断。

e. 等离子切割。等离子弧的温度高达 15 000~33 000 ℃，能量比电弧更加集中。

电动切管器和手动切管器分别如图 3-3-1、图 3-3-2 所示。

图 3-3-1 电动切管器

图 3-3-2 手动切管器

②正确操作方法：缓慢地转动并不断对割管器加力，在铜管不发生变形的情况下割断铜管。

（2）套丝。

①操作方法：使用专用工具，将钢管固定在压力钳台上，使用球型板牙就可以对钢管进行套丝，或者如果有大量钢管需要套丝时可以使用套丝机。套丝机工作时，先把要加工螺纹的管子放进管子卡盘，撞击卡紧，按下启动开关，管子就随卡盘转动起来，调节好板牙头上的板牙开口大小，设定好丝口长短，然后顺时针扳动进刀手轮，使板牙头上的板牙刀以恒力贴紧转动的管子的端部，板牙刀就自动切削套丝。同时冷却系统自动为板牙刀喷油冷却，等丝口加工到预先设定的长度时，板牙刀就会自动张开，丝口加工结束。关闭电源，撞开卡盘，取出管子。

电动套丝机如图 3-3-3 所示。

图 3-3-3　电动套丝机

②注意事项。

a. 机床电气设备接地必须良好，行程撞块的两只限位螺钉必须齐全。

b. 套丝机床所装置的砂轮防护罩、皮带防护罩等安全装置必须完整无损，不得随意拆除。防护罩所有固定螺钉应只旋紧。

c. 开动砂轮时，任何人不得站在砂轮正前方，以免发生意外情况。

d. 开动套丝机前，砂轮或拉丝刀应离开磨辊一段距离，各电器应在停止位置，磨辊接轴套、磨辊轴承及行程撞块等必须调整妥当，并紧固。

e. 砂轮或拉丝刀进给时，要平稳、缓慢，以确保安全。床面、校直机导轨等应勤加油。

f. 套丝机在运行过程中，禁止随意触动各手轮、手柄及电器按钮，以免发生意外事故；禁止用手去触碰各运动部件；工作台上不允许放置工具及其他物件。

2. 水系统管道的连接

（1）螺纹连接。

管螺纹的连接有圆柱形内螺纹套入圆柱形外螺纹、圆柱形内螺纹套入圆锥形外螺纹及圆锥形内螺纹套入圆锥形外螺纹三种方式，如图 3-3-4 所示。其中，后两种方式的连接较紧密，是常用的连接方式。

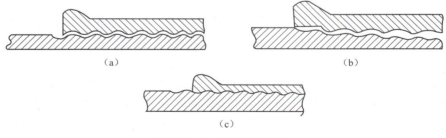

（a）　　　　　　　　　　　　　　（b）

（c）

图 3-3-4　螺纹连接方式

为了增加管子螺纹接口的严密性和维修时不致因螺纹锈蚀造成不易拆卸，螺纹处一般要加填料。因此，填料要既能充填空隙，又能防腐蚀。为保证接口长久严密，管子螺纹不得过松，不能用多加填充材料来防止渗漏。应注意的是，填料在螺纹连接中只能用一次，若遇拆卸，应重新更换。螺纹连接实物如图 3-3-5 所示。

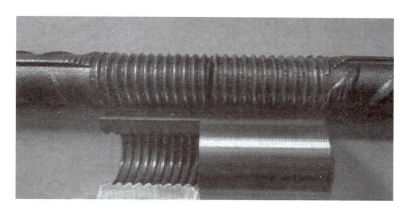

图 3-3-5　螺纹连接实物

拧紧管螺纹应选用合适的管子钳。不许采用在管子钳的手柄上加套筒的方式来拧紧管子。管螺纹拧紧后，应在管件或阀件外露出 1~2 扣螺纹（即螺纹尾）。不能将螺纹全部拧入，多余的麻丝应清理干净并做防腐处理，如图 3-3-6 所示。上管件时，要注意管件的位置和方向，不可倒拧。

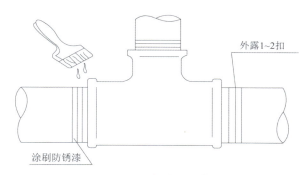

外露1~2扣

涂刷防锈漆

图 3-3-6　螺纹连接做法

（2）法兰连接。

法兰连接就是把两个管道、管件或器材，先各自固定在一个法兰盘上，然后在两个法兰盘之间加上法兰垫，最后用螺栓将两个法兰盘拉紧使其紧密结合起来的一种可拆卸的接头，如图 3-3-7 所示。

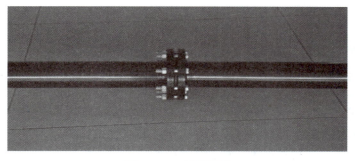

图 3-3-7　法兰连接

这种连接主要用于铸铁管、衬胶管、非铁金属管和法兰阀门等的连接，工艺设备与法兰的连接也都采用法兰连接。

钢管的法兰连接需要拆卸的部位与连接带法兰的阀件、设备和仪表等处有关。法兰有铸铁和钢制两种。法兰与管道的连接有翻边松套、螺纹连接和焊接连接三种，管道安装中多用平焊钢法兰的连接方式。

翻边法兰连接，翻边松套法兰一般用于铜管、铅管、塑料管等类似材质的管道，翻边时根据不同的材质选用不同的操作方法，翻边要求平整，不得有裂口和褶皱。

螺纹法兰连接，用有内螺纹的法兰盘与有外螺纹的钢管相连接，这种法兰多为铸铁材质，可用于低压管道的连接。

焊接法兰连接，法兰与钢管采用焊接连接，这种法兰连接应用广泛。其焊接方法是：选好一对法兰，分别装在相接的两个管端，如有的设备已带有法兰，则将法兰套在管端后要注意两边法兰螺栓孔是否一致，先点焊一点，校正垂直度，最后将法兰与管子焊接牢固。平焊法兰的内、外两面都必须与管子焊接，焊接尺寸要求如图 3-3-8 所示。

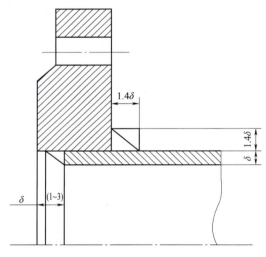

图 3-3-8　焊接法兰连接

（3）焊接连接。

①连接特点。

a. 接口牢固严密，焊缝强度一般达到管子强度的85%以上，甚至超过母材强度。

b. 焊接连接是管段间的直接连接，构造简单，管路美观整齐，节省了大量的定型管件。

c. 接口严密，不用填料，可减少维修工作。

d. 接口不受管径限制，作业速度快。

e. 焊接连接接口是固定接口，连接、拆卸困难，如需检修、清理管道则要将管道切断。

②金属管焊接。

焊接连接主要用于给水钢管的对接、焊接法兰和其他柔性口。焊接的方法通常有气焊、手工电焊和自动电弧焊、接触焊等。管道在焊接前应进行全面的清理检查。

钢管对口时，纵向焊缝之间应相互错开 100 mm 弧长以上，不得有十字形焊缝；焊口不得置于建筑物、构筑物等的墙壁中。

钢板卷管时，每节管子的纵向焊缝不能排列在同一直线上，两节相邻管子的纵向焊缝之间的距离应大于壁厚的 3 倍，且不小于 100 mm；同一节管子上两相邻纵向焊缝间距不应小于 300 mm。

管道弯曲部位不得有焊缝，对接焊缝距离起弯点不能小于管子的外径，且不小于 100 mm（焊接弯头除外）。管道支架处不应有环形焊缝。

金属管焊接如图 3-3-9 所示。

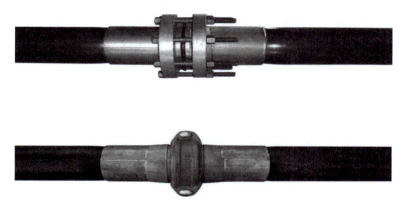

图 3-3-9　金属管焊接

3. 水系统管道的安装

（1）制冷管道通常沿墙、柱架空敷设，需要采用地下敷设时，通常为不通行地沟，并设活动盖板。

（2）液体管道，不得有局部向上的凸出部分，以免形成"气囊"；气体管道不得有局部向下的凹陷部分，以免形成"液囊"。

（3）从液体干管引出支管时，应从干管底部或侧面接出；从气体干管引出支管时，应从干管顶部或侧面接出。

（4）吸气管安装在排气管下面（同架敷设），平行管道之间净距为 200～250 mm。压缩机的吸气管和排气管的配管，尺寸要准确。管道支架要牢固，以承受压缩机运转时的振动；制冷管道穿过墙壁、楼板，应装套管，套管与管道的间隙用不燃柔性材料填塞。

（5）为防止发生"冷桥"现象，减少冷量损失，有保冷层的低温管段，在支架、吊架处应垫衬经防腐处理、厚度与保冷层相等的木块，管道穿过套管时，保冷层也不应中断，故应采用较大直径的套管。

（6）同时应按照压缩机吸排气阀门接口选择铜管管径，当冷凝器与压缩机分离超过 3 m 时应加大管径，储液罐进出口管径以机组样本上标明的排气和出液管径为准。排气管和回气管应有一定坡度，回气管出口处应加装 U 形弯，必要时在压缩机回气管路上安装过滤器。

4. 水系统管道的保温

（1）聚氨酯泡沫塑料保温，如图 3-3-10 所示，该材料用于直埋管段的保温。在工程中的直埋保温防腐管道，简称管中管，是指在钢管外壁涂覆防腐层、保温层与抗压层的复合管材。它具有热损失小、抗压性能强、防腐防水性能好等特点，特别适合地下水位高的地区。它与传统的地沟敷设管道相比，具有保温性能好、防腐、绝缘性能好、使用寿命长、施工安装简便、占地面积小、工程造价低等一系列优点，已经广泛用于集中供热、输油、化工、制冷及高寒地区供水等工程。

图 3-3-10　聚氨酯泡沫塑料保温

（2）高级橡塑保温，如图 3-3-11 所示。该材料是一种较为理想的绝热材料，其保温材料绝热效果好，对相同管道所使用的保温厚度薄、用量少；同时是整体成型保温材料，工艺较为简单，进度快；此外高级橡塑属于绿色、环保、清洁型保温材料，施工中的废弃物较少，对健康无害。该材料以突出的优点被越来越广泛地应用在空调制冷系统的载冷剂管道、冷凝水管道的保温上。

图 3-3-11　高级橡塑保温

①材料性能。高级橡塑属于天然无机类整体成型保温材料，采用丁腈橡胶（NBR）和聚氯乙烯（PVC），经过工艺发泡而成。见适用于介质温度为−50～120 ℃的场合，其闭孔式结构具有较为优良的绝热性能和较低的防潮吸水率。高级橡塑保温材料主要有以下优点：绝热效果好，防结露效果显著，宜作为保温管道的最外层；阻燃防烟，安全可靠；外观匀整，高档美观；安装方便，施工快捷。

②适用范围。该材料主要应用于民用建筑的中央空调及家用空调制冷系统的制冷剂和载冷剂管道保温，冷凝水管道保温，汽车空调管道保温，热水管道保温，各类工业大口径管道保温以及船舶、航空、城市热网等的隔热、隔冷系统等。

③施工工序。管道在保温之前要进行水管压力试验，合格后进行试压与保温工作的工序交接，以防止将未进行试压的水管保温，避免工作的冲突。

④材料的选用。系统内介质温度与环境温度差越大，选用厚度就越大；冷系统所在环境相对湿度越大，选用厚度就越大；冷媒介质管径小于150 mm时，管径越大，选用厚度就越大；工程系统的空气越不流通，选用厚度就越大。

（3）酚醛泡沫保温，如图3-3-12所示。该材料是由酚醛树脂通过发泡而得到的一种泡沫塑料。用于生产酚醛泡沫的树脂有两种：热塑性树脂和热固性树脂，由于热固性树脂工艺性能良好，可以连续生产酚醛泡沫，制品性能较佳，故酚醛泡沫材料大多采用热固性树脂。

图 3-3-12　酚醛泡沫保温

（4）聚苯乙烯泡沫塑料保温。该材料具有闭孔结构，吸水性很小，耐低温性好，耐溶冻性好，因此广泛用于制冷设备和冷藏设备中，如冷冻机、冷风管道、冷藏库等。另外，由于聚苯乙烯泡沫塑料无毒、无腐蚀性、吸水性小、体轻、保温、模具成型、抗酸碱腐蚀，可用于各种用途的管道保温。

5. 水系统管道安装质量检验

（1）保证足够的管道坡度。冷凝水盘的泄水支管沿凝结水流向坡度不宜小于0.01，冷凝水水平干管不宜过长，其坡度不应小于0.003，且不允许有积水部位。

（2）当冷凝水集水盘位于机组内的负压区时，为避免冷凝水倒吸，集水盘的出水口处必须设置水封，水封的高度应比集水盘处的负压（水柱高）大50%左右。水封的出口与大气相通。

（3）冷凝水立管顶部应设计通大气的透气管。冷凝水盘的水封应设置扫除口。

（4）冷凝水排入污水系统时，应有空气隔断措施，冷凝水管不得与室内密闭雨水系统直接连接。

（5）冷凝水管管径应按冷凝水流量和冷凝水管最小坡度确定。一般情况下，每1 kW冷负荷最大冷凝水量可按0.4~0.8 kg估算，在此范围内管道最小坡度为0.003时的冷凝水管管径可按表3-3-1选用。

表3-3-1　冷凝水管管径估算

序号	1	2	3	4	5	6	7
冷负荷/kW	≤7	7.1~18	18.1~100	101~176	177~598	599~1 055	1 056~1 512
管径（DN）/mm	20	25	32	40	50	80	100

二、阀门与附件的安装

1. 水泵

水在管内流动有摩擦阻力（又称沿程阻力或长度阻力）和通过各个部件（如弯头、阀门、三通等）的阻力（称局部阻力），水泵（图3-3-13）提供的压力（扬程）要克服这些阻力。

一般而言，冷冻水泵应设在冷水机组前端，从末端回来的冷冻水经过冷冻水泵打回冷水机组；冷却水泵设在冷却水进机组的水路上，从冷却塔出来的冷却水经冷却水泵打回机组；热水循环泵设在回水干管上，从末端回来的热水经过热水循环泵打回板式换热器。

图3-3-13　水泵

2. 冷却塔

冷却塔是采用自然通风或机械通风的方法，将热水进行冷却降温的热交换设备。冷却塔属于混合式热交换器，塔内冷却水降温主要是由于水的蒸发散热和空气与水之间的接触对流换热。

（1）冷却塔进水管上加电磁阀（不提倡使用手动阀）。

（2）管泄水阀应该设置于室内（若放置在室外，由于管内有部分存水，冬天易冻）。

3. 水质处理

（1）水过滤器：水过滤器又称排污器，通常装在测量仪器或执行机构之前，需定期清洗。无论开式或闭式系统，水过滤器都是系统设计中必须考虑的。目前常用的水过滤器装置有金属网状、Y型管道式过滤器，直通式除污器等。一般设置在冷水机组、水泵、换热器、电动调节阀等设备的入口管道上。

（2）闭式水系统：冷、热水系统中必须设置软化水处理设备及相应的补水系统。

闭式系统的优点：

a. 由于管路与大气相接触，管道与设备不宜腐蚀。

b. 无须为高处设备提供静水压力，循环水泵的压力低，从而水泵的功率相对较小。

c. 由于没有回水箱，无须重力回水，回水无须另设水泵等，因而投资省，系统简单。

闭式系统的缺点：

a. 蓄冷能力小，低负荷时，冷冻机也需经常开动。

b. 膨胀水箱的补水有时需要另设加压水泵。

（3）电子水处理仪的安装位置：放置于水泵后面，主机前面。

4. 水泵前后的阀门

阀门：其作用是接通、切断和调节水或者其他流体的流量。中央空调水系统中常用的阀门形式有截止阀、闸阀、蝶阀、止回阀、调节阀、安全阀以及凝结水疏水器等。

（1）水泵进水管依次接：蝶阀──→压力表──→软接。

（2）水泵出水管依次接：软接──→压力表──→止回阀──→蝶阀。

5. 分、集水器

中央空调中，为了便于各空调系统分区流量分配和调节灵活方便，常在水系统的供回水管上分别设置分水器和集水器，再分别连接各空调分区的供水管和回水管。

多于两路供应的空调水系统，宜设置集分水器。集分水器的直径应按总流量通过时的断面流速（0.5~1.0 m/s）初选，并应大于最大接管开口直径的2倍；分气缸、分水器和集水器直径 D 的确定：

（1）按断面流速确定 D，分气缸按断面流速 8~12 m/s 计算，分水器和集水器按断面流速 0.1 m/s 计算。

（2）按经验公式估算来确定 D，$D=(1.5~3.0)D_{max}$，D_{max} 是支管最大直径。

（3）分、集水器之间加电动压差旁通阀和旁通管（管径一般取 DN50）。

（4）集水器的回水管上应设温度计。

6. 各种仪表的位置

温度表、压力表及其他测量仪表应设于便于观察的地方，阀门高度一般离地 1.2~1.5 m，高于此高度时，应设置工作平台。

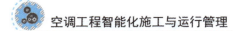

压力表：冷水机组、进出水管、水泵进出口及集分水器各分路阀门外的管道上应设压力表。

温度计：冷水机组和热交换器的进出水管、集分水器上、集水器各支路阀门后、新风机组供回水支管，应设温度计。

7. 水系统的泄水与排气

（1）在水系统的最低点，应设置排水管和排水阀门，放水时间为 2~3 h。

（2）在水系统的最高点，应设计集气罐，在每个最高点（当无坡度敷设时，在水平管水流的终点）设置放空器。

8. 压差旁通阀的选择

在变水量水系统中，为保证流经冷水机组中蒸发器的冷冻水流量恒定，在多台冷水机组的供回水总管上设一条旁通管。旁通管上安有压差控制的旁通调节阀。最大的设计流量按一台冷水机组的冷冻水水量确定，管径直接按冷冻水管最大允许流速选择。

9. 机组的位置

两台压缩机突出部分之间的距离小于 1.0 m，制冷机与墙壁之间的距离和非主要通道的距离不小于 0.8 m，大中型制冷机组（离心、螺杆、吸收式制冷机）其间距为 1.5~2.0 m。制冷机组的制冷机房上部最好预留起吊最大部件的吊钩或设置电动起吊设备。

汗湿的衣衫，最美的施工者

空调施工是个高风险的行业，但工人们依然坚守岗位，以"铁的纪律、铁的要求"严格每道工序的施工，即使汗水浸湿了衣衫，他们始终坚守在自己的岗位上，默默无闻地干着自己的本职工作，以尽职尽责的工作态度，为空调事业作出了自己的贡献。请同学们拍摄最美施工者照片。

 **知识拓展**

地源热泵系统——节能技术

地源热泵是陆地浅层能源通过输入少量的高品位能源（如电能等）实现由低品位热能向高品位热能转移的装置。通常地源热泵消耗 1 kW·h 的能量，用户可以得到 4 kW·h 以上的热量或冷量。

地源热泵是以岩土体、地层土壤、地下水或地表水为低温热源，由水地源热泵机组、地热能交换系统、建筑物内系统组成的供热中央空调系统。根据地热能交换系统形式的不同，地源热泵系统分为地埋管地源热泵系统、地下水地源热泵系统和地表水地源热泵系统。

地源热泵系统如图 3-3-14 所示。

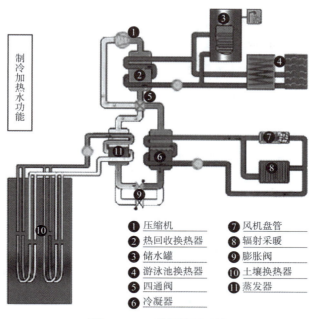

制冷加热水功能

① 压缩机　　　　　⑦ 风机盘管
② 热回收换热器　　⑧ 辐射采暖
③ 储水罐　　　　　⑨ 膨胀阀
④ 游泳池换热器　　⑩ 土壤换热器
⑤ 四通阀　　　　　⑪ 蒸发器
⑥ 冷凝器

图 3-3-14　地源热泵系统

 学习任务单

填空题

1. 水管切割工具有 _____、_____、_____、_____ 4 种。

2. 水管的连接方式有 _____、_____、_____ 三种。

3. 管道弯曲部位不得有焊缝，对接焊缝距离起弯点不能小于管子的外径，且不小于 _____mm。

4. 水泵进水管依次接 _____ ⟶ _____ ⟶ _____。

任务实施过程

（1）根据图纸（图 3-3-15）的要求，选取镀锌管制作专用工具（表 3-3-2），完成镀锌管件制作及连接。

（2）要求镀锌管完成管件制作及套丝，尺寸应符合图纸尺寸标注要求。

（3）正确选择镀锌管接头，按照图纸完成管路连接，要求连接管路接头必须加生料带，镀锌活接必须增加垫圈。

（4）要求连接好后的管路简洁美观，横平竖直，各个零部件的安装牢固可靠。

（5）对制作管路进行测量，并填写记录表（表 3-3-3）。

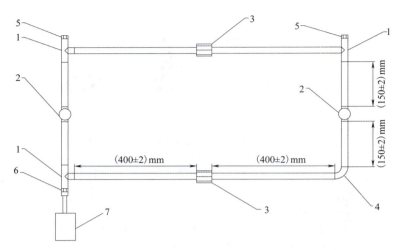

图 3-3-15 水系统图纸

1—三通接头；2—闸阀；3—活接；4—弯头；5—闷头；6—软连接；7—加压泵

表 3-3-2 备料单

序号	名称	型号与规格	单位	数量
1	镀锌三通接头	DN20	个	3
2	黄铜闸阀	DN20	个	2
3	镀锌活接	DN20	个	2
4	镀锌弯头	DN20	个	1
5	不锈钢变径直通接头	DN20 外转 DN15 内	个	1
6	塑料闷头	6 分外牙	个	2
7	卷尺	3 m	把	1
8	记号笔	黑色	支	1

表 3-3-3 尺寸记录表

序号	尺寸（400±2）mm	尺寸（150±2）mm	现场裁判签字
1			
2			
3			
4			

考核评价

学生完成学习情境的成绩评定将按学生自评、小组互评、教师评价三阶段进行，并按学生自评占 20%，小组互评占 30%，教师评价占 50% 作为学生综合评价结果。

考核项目	评分标准	分数	学生自评	小组互评	教师评价	小计
团队合作	与小组成员、同学之间能合作交流、协调工作	5				
信息咨询	效果良好	5				
安全生产	无安全隐患	10				
现场7S	做到	10				
操作过程	任务完成	60				
劳动纪律	严格遵守	5				
创新意识	创新点	5				
总分	合计100分			得分		
教师签字：				年　　月　　日		

任务四　空气-水空调系统调试

🎯 学习目标

知识目标：
（1）掌握水量测定与调整的方法。
（2）掌握单机试运转及联合试运转的内容与方法。

能力目标：
（1）能够进行水量的测定及调整。
（2）能够对空气-水空调系统的主要设备进行单机试运转。
（3）能够对空气-水空调系统进行联合试运转。
（4）能够对调试过程中发现的问题提出恰当的改进措施。

素质目标：
（1）培养空气-水空调工程施工的职业素养。
（2）培养认真严谨的工作态度。
（3）培养沟通协作的团体合作能力。

相关知识

一、水量的测定与调整

（1）将空调设备旁通管道上的阀门关闭，打开空调设备进出水管阀门，使水系统经过设备驯化，同时将水系统中所有阀门全部调整为最大开度，并对水力平衡阀进行分组及编号。

（2）启动水泵使水系统循环，测量主管路及各支管路上水力平衡阀的流量，计算其实际流量与设计流量之比，并记录好数据。

（3）调整单个支管路的平衡阀开度，使单个支路上的所有水力平衡阀实际流量与设计流量之比均等。

（4）调整各主管路的平衡阀开度，使各主路上的所有平衡阀实际流量与设计流量之比都相等。

（5）调整总管路上阀的开度，使总管路实测水流量与设计值偏差符合规范要求。

（6）整体测量系统中每个平衡阀的流量及开度值，整理相关数据，并进行数据存档。

在系统水力平衡调试过程中，必须保证水系统在正常使用的状态下循环，水循环要通过相关设备，这样才能保证测量数据的准确性，保证系统调试效果。一般情况下管路上的水量测量与调整工作很难一次完成，需要多次反复进行，所以每次测量的数据都应该有所记录，为下次的水量调整提供依据。另外，在系统调试期间，设备监护必不可少，在设备运转时，应有人监护设备的运行状况，同时检测设备运行电流和电压等电气参数，发现问题应及时处理，保证系统调试能够顺利进行。水系统测试装置如图 3-4-1 所示。

图 3-4-1 水系统测试装置

二、单机试运转与调试

1. 风机盘管试运转与调试

（1）试运转前的检查。

①电动机绕组对地绝缘电阻应大于 0.5 MΩ。

②温控开关、电动阀、风机盘管线路连接正确。

（2）试运转与调试。

①启动时应先"点动"，检查叶轮与机壳有无摩擦和异常声响。

②将绑有绸布条等轻软物的测杆紧贴风机盘管的出风口，调节温控器高、中、低挡转速送风，目测绸布条迎风飘动角度，检查转速控制是否正常。

③调节温控器，检查电动阀动作是否正常，温控器内感温装置是否按温度要求正常动作。

2. 水泵的试运转与调试

水泵如图 3-4-2 所示。

图 3-4-2　水泵

（1）试运转前的检查。

①各固定部位应无松动。

②各润滑部位加注润滑剂的种类和剂量应符合产品技术文件的要求；有预润滑要求的部位应按规定进行预润滑。

③各指示仪表、安全保护装置及电控装置均应灵敏、准确、可靠。

④检查水泵及管道上的阀门启闭状态，使系统形成回路；阀门应启闭灵活。

⑤检测水泵电机对地绝缘电阻应大于 5 MΩ。

⑥确认系统已注满循环介质。

（2）试运转与调试。

①启动时先"点动"，观察水泵电动机旋转方向应正确。

②启动水泵后，检查水泵紧固连接件有无松动，水泵运行有无异常振动和声响；电动机的电流和功率不应超过额定值。

③各密封处不应泄漏。在无特殊要求的情况下，机械密封的泄漏量不应大于 10 mL/h，填料密封的泄漏量不应大于 60 mL/h。

④水泵连续运转 2 h 后，测定滑动轴承外壳温度不超过 70 ℃，滚动轴承外壳不超过 75 ℃。

⑤试运转结束后，应检查所有紧固连接部位，不应有松动。

3. 冷却塔的试运转与调试

在试运转冷却塔之前首先要清理冷却塔内的杂物，并用清水冲洗填料中的灰尘和杂物，防止冷却水管路或冷凝器堵塞，冷却塔和冷却水管路用水冲洗干净，在冲洗的过程中不能将水通入冷凝器中，应采用临时短路措施，待管路冲洗干净后冷凝器再与管路连接。然后检查自动补水阀的动作状态，自动补水阀的动作要灵活准确，冷却塔内的补水、溢水的水位要进行校验，使之达到准确无误，防止水源的损失和浪费。对于横流式冷却塔和配水池的水位以及逆流式冷却塔旋转布水器的转速等，应调整到进塔水量适当，使喷水量和吸水量达到平衡的状态；确定风机的电动机的绝缘状况及风机的旋转方向，电动机的控制系统必须正确无误。

在冷却塔试运转时必须记录下列工作状态和数据，如果无异常，连续运转的时间不少于2 h：

（1）检查布水器的旋转速度和布水器的喷水量是否均匀，如发现运转速度和布水均匀程度不正常应暂停调试，故障排除后再进行。

（2）检查喷水量和吸水量是否平衡，以及补水的集水池的水位等情况，应达到冷却水不跑水、不漏水的良好状态；当多台冷却塔并联使用时，在供水干管上的第一台冷却塔和最后一台冷却塔因冷却水的管路长度不相同，最后一台冷却塔的管路较长，阻力会较大，所以调试时离冷凝器近的几台冷却塔要调节阀门人为增大一点阻力，以达到管路的水阻平衡，防止一边泄水一边补水。

（3）测定风机的电动机启动电流和运转电流，并控制运转电流在允许的范围内。

（4）检查冷却塔的动转噪声是否超出规定范围，若超出则检查原因。

（5）测定风机轴承的温度。

（6）测定冷却塔出入口冷却水的温度，冷却塔和冷冻机联合使用时，则可分析冷却的冷却效果。

（7）冷却塔正常运转后检查飘水情况，如出现较大的水滴，说明不正常，要查明原因。冷却水系统如图3-4-3所示。

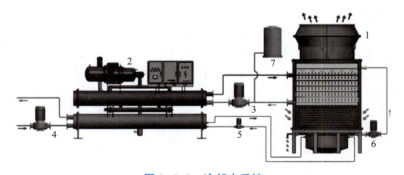

图3-4-3　冷却水系统

1—小温差闭式热源塔；2—小温差低热源热泵；3—热源泵；4—负荷泵；
5—正温度蓄热泵；6—负温度蓄热能防霜泵；7—热源测膨胀罐

 **知识拓展**

水泵变频调速的两种控制模式——节能控制策略

水泵的控制包括启停控制和变流量控制，中央空调系统中通常采用的是一机对一泵系统，水泵的启停可以根据冷水机组的运行台数进行控制。这里主要考虑水泵变频调速的变流量控制方法，以冷冻水泵为例加以说明。而冷却水系统与冷冻水系统相似，控制策略相同。

目前水泵变频调速的控制模式主要有两种：恒温差控制法、压差控制法。

恒温差控制法是指当空调负荷下降时，保持温差不变，通过调节变频器等降低水泵转速，减少冷冻水流量。该方式在理想状况下是科学的，但在实际应用过程中，由于空调系统管道设计、施工过程中的不足，单一的温差控制无法保证冷冻水的均匀分配，常常造成空调环路的供水不足，影响空调系统的正常使用。

压差控制法是指保持供、回水总管间压差不变，在冷负荷变化的情况下根据压差的变化变频调节冷冻泵流量。压差控制的优点是能够保证冷冻水供水量和供水压力，但是由于要保持供回水总管压差不变，节能效果不明显。由于空调系统冷冻水供回水压差只与冷冻水流量有关，而与冷冻水供回水温差无关，恒压差控制只解决了冷冻水流量的问题，而忽略了冷冻水供回水温差对节能的作用，因此单一的恒压控制在实际运行过程中节能效果不够理想。

 学习任务单

填空题

1. 水泵各密封处不应泄漏，在无特殊要求的情况下，机械密封的泄漏量不应大于_____。

2. 水泵各密封处不应泄漏，在无特殊要求的情况下，填料密封的泄漏量不应大于_____。

3. 冷却塔试运转需测量冷却塔的噪声，在塔的进风口方向，离塔壁水平距离为一倍塔体直径及离地面高度_____处测量噪声，其噪声应低于产品铭牌额定值。

4. 制冷（热泵）机组启动顺序：_____→冷却塔→空调末端装置→冷冻（热）水泵→制冷（热泵）机组。

 任务实施过程

对水系统进行调试。水系统图纸如图3-4-4所示。

调试步骤及要求：

（1）上述管路连接好后，利用手动试压泵加水对管路进行压力测试，要求管路测试压力为0.8 MPa，保压时间为10 min。记录保压开始时间和压力值，并将结果填入表3-4-1中。

（2）保压时间到达10 min后，记录保压结束时间和压力值，并将结果填入表3-4-1中，则第一次保压结束。

（3）第一次保压结束后，如果压降超过 0.1 MPa（含），允许对管路进行维修，并按照要求（1）、（2）进行第二次保压。

（4）安全文明操作。

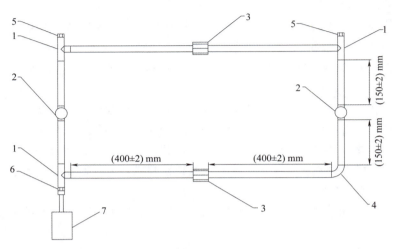

图 3-4-4　水系统图纸

1—三通接头；2—闸阀；3—活接；4—弯头；5—闷头；6—软连接；7—加压泵

表 3-4-1　镀锌管路压力测试记录表

次数	保压开始			保压结束		
	时间	压力值/MPa	现场监督员签字	时间	压力值/MPa	现场监督员签字
第一次						
第二次						

考核评价

学生完成学习情境的成绩评定将按学生自评、小组互评、教师评价三阶段进行，并按学生自评占 20%，小组互评占 30%，教师评价占 50% 作为学生综合评价结果。

考核项目	评分标准	分数	学生自评	小组互评	教师评价	小计
团队合作	与小组成员、同学之间能合作交流、协调工作	5				
信息咨询	效果良好	5				
安全生产	无安全隐患	10				
现场 7S	做到	10				

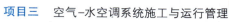
续表

考核项目	评分标准	分数	学生自评	小组互评	教师评价	小计
操作过程	任务完成	60				
劳动纪律	严格遵守	5				
创新意识	创新点	5				
总分	合计 100 分		得分			

教师签字：　　　　　　　　　　　　　　　　　　　　年　　月　　日

BIM 智能化施工技术应用

✓ 项目描述

BIM 技术，通常被称作建筑信息模型技术。在进行三维建筑模型的建立期间，需要将工程项目各种类型的信息、数据作为重要参数开展模型设计。通过 BIM 技术的合理应用，可以提高设计施工阶段的数字化、信息化效果，尤其是在进行暖通空调施工期间，借助三维建筑模型以及数据信息库等工具，可以将施工安装过程中的操作进行详细展现。同时，通过数据的实时共享，还能简化施工流程与操作，进而减少施工期间人力、物力成本。BIM 三维模型如图 4-1 所示。

利用 BIM 三维数据信息模型，能实时掌握空调施工中如施工进度数据、空调设备参数、材料的数据参数等信息，使管理人员随时了解施工进度。在 BIM 技术构建的三维模型中，尽可能地确保空调、电气、给排水和建筑等作业的时效，有效减少施工时间，降低施工成本。BIM 技术将暖通空调的建设过程详细直观呈现，并在出现问题时及时找出问题发生位置和原因，预知暖通空调施工中可能发生的问题，做好预防工作。同时，应用 BIM 技术能够将暖通空调施工中各分项目通过整体发展方向进行分析指导，有效缓解设计和施工、建筑、设备、结构之间等多方面矛盾，大大提高暖通空调施工的效率和质量。

图 4-1　BIM 三维模型

✓ 学习目标

（1）掌握 BIM 仿真模拟软件模型浏览的操作方法。
（2）掌握 BIM 仿真模拟软件制作路径漫游动画的操作方法。

（3）掌握 BIM 仿真模拟软件施工进度模拟任务创建的操作方法。

（4）掌握 BIM 仿真模拟软件施工进度模拟设置的操作方法。

（5）掌握 BIM 仿真模拟软件施工进度模拟动画导出的操作方法。

（6）掌握 BIM 仿真模拟软件施工工艺模拟动画制作的操作方法。

（7）掌握 BIM 仿真模拟软件施工工艺模拟动画导出的操作方法。

☑ 工作流程

施工准备及现场布置──→模型建立──→碰撞检查及优化──→管件预制──→施工模拟──→施工进度管理──→交付管理──→运维管理。

☑ 教学载体

以某地办公楼为实例进行模型搭建，该建筑地上 5 层、地下 1 层，其总建筑面积为 5 450 m²，地上面积 4 583 m²，空调面积 3 815 m²，主要以办公为主。本工程机电系统包括送排风、冷热水（地板射）、冷却水、生活用水、消防喷淋及通风、照明等多个系统管线，主要对送排风、冷热水（地板辐射）的暖通工程进行全面细致的模型搭建并进行相应的工程应用。BIM 施工模拟如图 4-2 所示。

图 4-2 BIM 施工模拟

任务一 施工现场布置

◉ 学习目标

（1）了解施工现场布置的具体内容。

（2）了解 BIM 在施工阶段的具体应用。

（3）能够使用 BIM 进行现场施工布置。

**相关知识**

一、BIM 技术在施工阶段的应用

BIM 技术是信息化技术在建筑行业中应用的新型表达方式，它集成了建设工程项目全生命周期各个阶段的信息，并通过数字化、可视化的模型方式来共享建筑物的特性信息，为项目各个参与方提供了全新的协同工作平台，提高各方沟通效率、减少理解性错误，从而大大提高了建设效率，保障了施工工期与成本。BIM 技术作为数字化信息的载体，能够在建设项目各个阶段发挥指导作用，普及 BIM 技术的应用已成为未来建筑行业信息化发展的大趋势。

BIM 技术是贯穿于整个建设生命周期的技术模式。工程建设的施工阶段是将规划设计出的建设项目变成实体的重要环节。如果在工程建设阶段能够建立以 BIM 技术及应用为基础的工程项目信息管理体系，将有效提高工程建设管理水平及经济效益。BIM 技术在施工阶段的应用价值主要体现在以下几个方面：

1. 3D 渲染，直观展现立体效果

3D 技术交底：将 3D 建筑信息模型与施工进度融合到建筑物及施工现场模型中，并与施工资源和场地布置信息集成于一体，建立起 4D 施工信息模型；根据施工计划，直观展示工地及大型设备的布置情况、复杂节点的施工方案、施工顺序的选择，进行 4D 模拟。对不同的施工方案进行对比选择等。建好的建筑信息模型可以作为二次渲染开发的模型基础，有效提高了渲染效果的效率与精度，为业主提供更为直观的立体展现，提高建设单位的认可度。

2. 精准算量，细化精度

通过建立 6D 关联数据库，创建 BIM 数据库，可以快速准确计算工程量，提高施工预算的精度。由于 BIM 数据库的数据粒度可精确至构件级别，可以快速提供工程项目各条主线管理所需的数据信息，有效提升施工管理效率。通过 BIM 模型计算材料用量、设备统计来管控预测成本，从而为施工单位在项目投标阶段及中标后施工过程中的造价控制提供合理的依据。

3. 合理规划，减少浪费

由于大量的工程数据无法快速准确获取来计划整合资源配置，使得施工企业精细化管理难以实现，导致工程中普遍存在"拍脑袋"现场。而 BIM 技术的出现可以实现现场管理人员快速准确地获取工地一手数据，为施工企业精准制订人、材、机等计划提供有力支撑，为实现定额放料、控制损耗提供技术支持。

4. 模拟施工过程，有效协同三维可视化与工期维度已达到 4D 关联

利用 Autodesk Naviousworks 软件进行虚拟仿真，将处于施工阶段的工程建设项目中人力、机械、材料以及工程进度、成本预算和工地现场布置等动态信息进行集成化管理，模拟整个工程建设过程。提前预测工程在实际建设过程中可能存在和出现的问题。通过动态演示，模拟施工过程，设备选型及布置，复杂构件预制件加工；建立预制件模型并虚拟分割，形成预制构件的加工图，输出三维安装图，以指导现场施工；进行成本估算及数量调查；再通过模型与现场的对比，完成施工质量的检查；随时随地快速直观地将虚拟施工计划与实际施工进展情况进行比较，选择出最为行之有效的施工组织方案。更为直观地为建设单位及其

他参建方展现项目的各种问题及情况，即使是工程行业以外的人员，也可形象地了解和掌握工程实际现状。而将 BIM 技术与施工组织方案、施工模拟和现场视频监测相结合，也可大大减小出现质量问题、安全问题情况的概率，有效降低返工和整改次数，达到节约成本的目的。BIM 模型与机房现场安装对比如图 4-1-1 所示。

图 4-1-1　BIM 模型与机房现场安装对比

5. 碰撞检查，减少返工，BIM 最直观的特点在于三维可视化

整合建筑、结构的模型，通过碰撞检查等手段，进行设计校对和优化，实现三维的建筑、结构协调。将机电系统导入形成完整的建筑模型，同时进行三维管线综合，解决各专业之间的协同布设。工程技术人员可利用 BIM 三维技术在工程前期进行管线系统的碰撞检查，一来可以优化设计方案，减少设计施工过程中管线系统碰撞情况的发生，提高设计方案的可操作性；二来还能高效利用建设空间，提高净空高度。并且施工技术人员还可以利用管线碰撞优化后的设计方案进行现场施工交底，提高各专业间的沟通效率。管线碰撞优化前后对比示例如图 4-1-2 所示。

图 4-1-2　管线碰撞优化前后对比示例

6. 实现项目各参建单位的协同工作

通过 BIM 技术构建的平台实现文档、图档、视档的提交、审核、审批等工作；利用 Autodesk、3ds Max 等软件进行渲染，还可获得可预测的照片级渲染效果，以提高各方的审核效率；并且还能通过网络协同工作，进行工程洽商、协调，使各参建单位的信息实现共享，提高工程质量、安全、成本和进度把控能力。

通过以上 BIM 技术在施工阶段中的应用，可以根据施工进度对人力、材料、机械等资源进行动态查询和统计分析，实现全面掌握工程实施进度，及时发现和解决现场出现的矛盾和问题，减少工程管理过程中可能影响工程质量、进度、成本等情况的发生，实现对建筑项目在施工过程中资源的动态管理和成本把控，提高施工项目管理控制能力。项目协同示意图如图 4-1-3 所示。

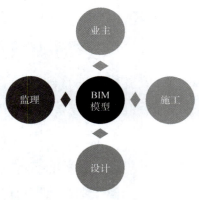

图 4-1-3 项目协同示意图

二、施工场地布置内容

传统的施工现场布置要求工作人员通过勘察文件、实地勘测等途径了解施工场地，并综合考虑后对施工现场的布置做出决策，耗费大量的人力和物力。将 BIM 技术提供的参数化模型与地理信息系统（GIS）实现交互，提取 GIS 系统中所需的信息，直接导入 BIM 参数化模型，作为施工现场 BIM 数据库的一部分，方便信息的调用与分析。工作人员能够以此为基础，利用 BIM 对众多影响因素的辅助分析与优化对施工现场进行科学、合理的布置，同时 BIM 的可视化特点还能提高施工现场布置的准确性及效率。

施工现场布置的主要内容包括选择垂直运输机械与运输路线，确定施工现场运输道路，临时用电、用水、排水、网络系统布置，材料放置区，等等。需要充分考虑技术规范、建筑位置、面积、高度，材料使用计划以及勘察单位所提供的水源、电力、地理信息、气象资料、地下设施、周边道路、既有建筑物等方方面面的信息。

三、施工场地布置操作流程

1. 工程设置

根据图纸信息，先进行工程设置，可以设置三项内容——工程概况、企业徽标和砌块排布设置。广联达 BIM 施工现场布置软件界面如图 4-1-4 所示。

2. 图纸导入

如果有绘制好的图纸可以直接导入，也可以根据实际情况新建。导入图纸可以直接导入 CAD 图纸，会弹出对话框，插入点对齐默认即可，无须修改，单击"确定"按钮后提示导入完成。图纸导入界面如图 4-1-5 所示。

3. 绘制场区地貌

因为软件设定为所有的构件必须设置在场区地貌上，因此，场区地貌的建立是第一步。在"地形图"选项卡下，单击"属性"栏，可以增加一个场区地貌。弹出"系统模板库"对话框，选择工程地质的主体属性，可以通过单击右侧三个点的按键，在材质库中进行修改，然后单击"确定"按钮即可。建立场区地貌如图 4-1-6 所示。

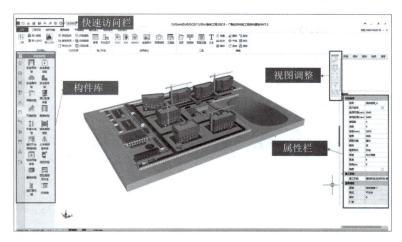

图 4-1-4　广联达 BIM 施工现场布置软件界面

图 4-1-5　图纸导入界面

图 4-1-6　建立场区地貌

4. 场区及场外道路的设置

首先在"道路硬化"选项卡中，"属性"栏增加"场区道路"，根据图纸设置工程道路宽度。确定道路主体信息后，单击"确定"按钮，回到绘图界面。选择左上角绘图方法，在 CAD 图纸上绘制道路，道路绘制完毕后，单击鼠标右键确定，道路部分出现中心黄色虚线，代表绘制完毕，如图 4-1-7 所示。也可以通过查看三维视图来确定道路是否绘制成功。如果遇到道路有不规则形状，可以利用道路右侧"场地硬化"功能进行操作。

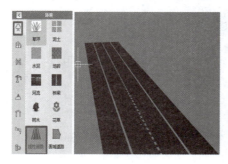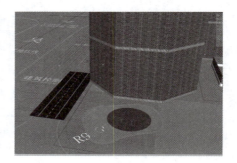

图 4-1-7　场外道路设置

5. 围墙的设置

选择"围墙"功能后，增加本工程围墙属性，并进行参数设置。如果企业有自己的 logo，也可以通过构件右侧三个点按键新增素材。具体操作如图 4-1-8 所示。

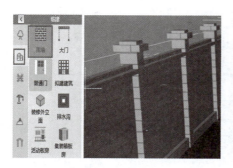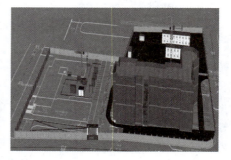

图 4-1-8　围墙设置

6. 办公、生活活动板房的设置（如门卫室等）

先增加门卫室构件，根据图纸需要设置开间和进深长度。回到绘图界面后，通过单击确定位置。这里需要注意的是，如果板房方向不对，可以通过编辑菜单下的移动、旋转、镜像功能进行修正，如图 4-1-9 所示。此处以门卫室为例，除此之外，还可以用同样的方法设置办公室、食堂、厕所、浴室、宿舍等生活用房或办公用房。

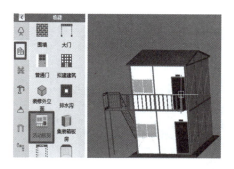
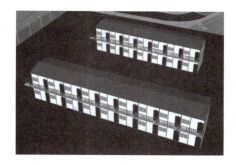

图 4-1-9　活动板房设置

7. 大门的设置

新增大门构件，设置基本属性，回到绘制界面，采用单击的方式布置到指定位置。大门的门楣 logo 也可以通过构件设置的三个点按键进行修改，如图 4-1-10 所示。

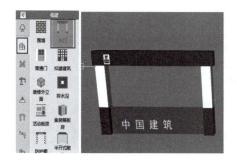

图 4-1-10　大门设置

8. 主体结构的导入

可以选择鲁班模型导入，后缀通常为 .LBIM，一般会事先在鲁班土建软件中进行建模。导入后会提示为楼栋号命名和插入点的选择，通常默认即可。可以通过移动、旋转、镜像等功能，将建筑物模型移动到场地模型的规定位置上，如图 4-1-11 所示。

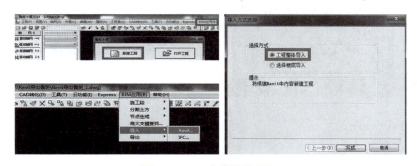

图 4-1-11　主体结构导入

9. 塔吊的设置

在施工机械中选择适合的塔吊设备，修改塔高和吊臂长度，通过单击的方式，设置到场地中来，可以通过三维显示来判断需要多高的塔吊，使得经济效益最高，如图 4-1-12 所示。

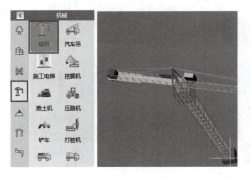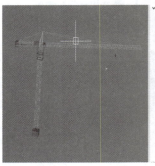

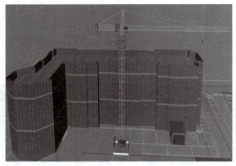

图 4-1-12　塔吊设置

10. 钢筋加工棚及木材加工棚等一些加工设施的设置

选择"加工设施"选项卡，单击"材料—钢筋"进行绘制，再选择"机械—钢筋调直机、钢筋弯曲机"绘制钢筋加工棚。需要注意的是，钢筋加工棚和木材加工棚的大小不能通过数字设置，只能通过修改缩放比例来修改大小，如图 4-1-13 所示。

图 4-1-13　加工棚设置

11. 外脚手架的设置

在"安全防护"选项卡下，选择外脚手架。先在属性中增加构件，修改基本属性信息。回到绘图界面后，可以用直线或者曲线的形式绘制。需要注意的是，需要沿着外墙外边线顺时针进行绘制。绘制完毕后单击鼠标右键确定。外脚手架设置如图 4-1-14 所示。砌块堆的操作方法同脚手架堆。

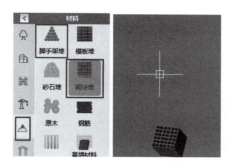 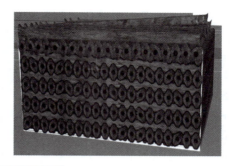

图 4-1-14　外脚手架设置

12. 零星点式构件的布置

鲁班场布软件有很丰富的零星物品，如消防栓、告示牌、配电箱，包括一些绿化设施。可以根据工程要求，按需布置。这些构件布置的方式均为新增构件，设置构件基本信息，在绘图页面上单击"绘制"命令，调整位置和尺寸。如图 4-1-15 所示，以配电室为例，在软件左侧的"水电"栏目里选择"配电箱"进行绘制，在 CAD 图中的合理位置将配电室绘制出来。

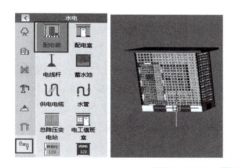 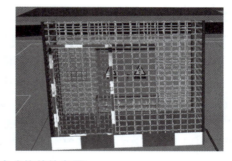

图 4-1-15　零星点式构件的布置

 知识拓展

智慧工地——用科技打造数字化工地

智慧工地是智慧地球理念在工程领域的行业具现，是一种崭新的工程全生命周期管理理念。

智慧工地是指运用信息化手段，通过三维设计平台对工程项目进行精确设计和施工模拟，围绕施工过程管理，建立互联协同、智能生产、科学管理的施工项目信息化生态圈，并将此数据在虚拟现实环境下与物联网采集到的工程信息进行数据挖掘分析，提供过程趋势预测及专家预案，实现工程施工可视化智能管理，以提高工程管理信息化水平，从而逐步实现绿色建造和生态建造。

智慧工地将更多人工智能、传感技术、虚拟现实等高科技技术植入建筑、机械、人员穿戴设施、场地进出关口等各类物体中，并且被普遍互联，形成"物联网"，再与"互联网"整合在一起，实现工程管理干系人与工程施工现场的整合。智慧工地的核心是以一种"更

"智慧"的方法来改进工程各干系组织和岗位人员相互交互的方式，以便提高交互的明确性、效率、灵活性和响应速度。

 学习任务单

选择题：

1. 下列选项中，不属于施工阶段 BIM 虚拟环境划分施工空间的是（　　）。

A. 可使用空间　　　　B. 未使用空间　　　　C. 施工过程空间　　　　D. 施工产品空间

2. （　　）能够模拟建筑结构在施工过程中不同时段的力学性能和变形状态，为结构安全施工提供保障。

A. 虚拟施工　　　　B. 碰撞检查　　　　C. 仿真分析技术　　　　D. 模型试验

3. 对于结构体系复杂、施工难度大的结构，结构施工方案的合理性与施工技术的安全可靠性都需要验证，为此利用 BIM 技术建立的（　　），对施工方案进行动态展示。

A. 模型试验　　　　B. 碰撞检查　　　　C. 仿真分析技术　　　　D. 虚拟施工

任务实施过程

利用 BIM 对以下工程进行场地布置。

1. 工程概况

本工程项目名称为天香府，是××置业有限公司筹办的。该项目工程坐落于菏泽市重庆路西边、八一路北边且位于昆明路东方，正南围绕牡丹区人民政府。天香府建筑为居民住小区住宅、商业服务网点、配套工程、地下车库。规划总用地面积 44 590.04 m²。此外该项目设计规模分为一、二期实施。本次出图为一期部分，总建筑面积 220 200.84 m²，其中，地上面积占 178 107.00 m²，地下面积占 42 093.84 m²。

本项目组成共包括 12 个子工程，其中山东菏建白云建筑有限公司承包了该工程的四号楼、六号楼、七号楼和八号楼工程。

分地下车库（一期，一类建筑类型，总建筑面积达到 30 229.50 m²，其中地下建筑面积为 30 229.50 m²，层数为 1B，建筑高度为 3.9 m，地下一级耐火等级，设置自动灭火）、总体（一期）等。地处建筑气候为寒冷 IIB 地区。另外本项目不设置人防工程。结构类型为住宅楼剪力墙结构，其余为框架结构。抗震设防烈度为 7 度。建筑使用年限是 3 类 50 年。建筑耐火等级为地上住宅一级，公建二级，地下一级。本施工图设计范围是用地红线以内的建筑物、构筑物及室外工程。

2. 主要布置内容及相关要求

（1）拟建建筑（需考虑外脚手架布置）。

（2）施工用机械设备（需考虑材料垂直、水平运输，人员上下，材料加工等）。其中本工程施工方案中塔吊的设置高度比在施楼层高度高 15 m。

（3）施工主材加工、堆放场地（根据材料尺寸、工程规模、施工进度需考虑场地大小）。其中本工程施工方案中钢筋加工棚的长度应满足最小直筋的长度。

（4）办公用房（房间种类、间数、面积满足办公需要）。

（5）生活用房（房间种类、间数、面积满足生活需要）。由于用地紧张，本工程施工方案中劳务人数峰值为 64 人，每间宿舍容纳 8 人，开间进深为 5 m，每个人的使用面积为 2.5 m²。为便于管理，劳务宿舍需单独布置。

（6）变配电设施、消防设施（种类、位置、数量满足施工、消防要求）。

（7）场内道路、围墙、工地大门（道路宽度、围墙高度、大门宽度满足规定）。本工程施工方案中为保证车辆等行驶畅通，道路设有两个进出口，临时施工道路采用环形道路，覆盖整个施工区域，保证各种材料能直接运输到材料堆场，减少倒运，提高工作效率，其宽度均为 5.5 m，材质选择混凝土。由于该施工区域为市区，人员相对较多，其施工围挡需根据周围环境要求设置为最低高度。

（8）文明施工、绿色施工措施布置。

效果图预览如图 4-1-16~图 4-1-18 所示。

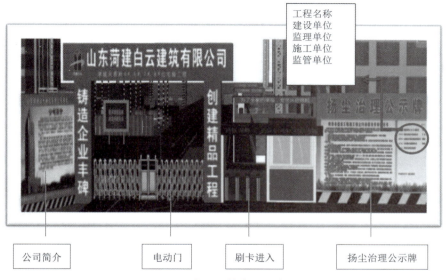

图 4-1-16　大门具体布置及大门尺寸

图 4-1-17　安全体验馆

167

图 4-1-18　员工生活区

考核评价

　　学生完成学习情境的成绩评定将按学生自评、小组互评、教师评价三阶段进行，并按学生自评占 20%，小组互评占 30%，教师评价占 50% 作为学生综合评价结果。

考核项目	评分标准	分数	学生自评	小组互评	教师评价	小计
团队合作	与小组成员、同学之间能合作交流、协调工作	5				
信息咨询	效果良好	5				
安全生产	无安全隐患	10				
现场 7S	做到	10				
操作过程	任务完成	60				
劳动纪律	严格遵守	5				
创新意识	创新点	5				
总分	合计 100 分			得分		
教师签字：					年　　月　　日	

任务二　BIM 模型建立

 **学习目标**

（1）了解风系统建模的流程。

（2）能够使用 BIM 进行风管系统绘制。

（3）能够使用 BIM 进行风系统末端的添加。

（4）能够使用 BIM 进行风系统附件的添加。

相关知识

一、BIM 界面简介

BIM 操作界面如图 4-2-1 所示。

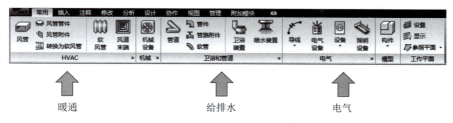

图 4-2-1　BIM 操作界面

二、项目准备

1. 新建项目文件

启动 Revit 2016，单击 ![按钮] 按钮，选择"新建"→"项目"选项，在"新建项目"对话框（图 4-2-2）中，样板文件选择已经建立的"某科技楼—暖通系统样板"，勾选"新建"→"项目"单选按钮，单击"确定"按钮，建立新项目。输入文件名，单击"保存"按钮。

图 4-2-2　"新建项目"对话框

2. 导入 CAD

单击"插入"选项卡→"导入 CAD"选项，选择相应的图纸文件，如图 4-2-3 所示。将 CAD 图纸移动到绘图区域的合适位置，并锁定其位置。

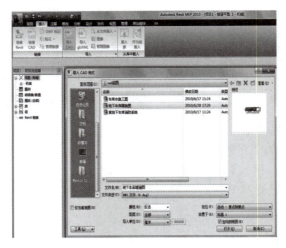

图 4-2-3　导入 CAD

三、风管的绘制

1. 风管参数设置

（1）单击"系统"选项卡→"风管"选项，在绘图区左侧的"属性"对话框中就可选择、编辑风管的类型。

Revit 提供的"机械样板"项目样板文件中自配了矩形风管、圆形风管及椭圆形风管，配置的风管类型与风管连接方式有关，如图 4-2-4 所示。

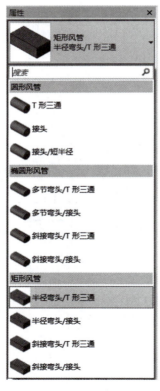

图 4-2-4　风管类型

2. 风管类型设置方法

单击"编辑类型"按钮，打开"类型属性"对话框，对风管类型进行设置，如图 4-2-5 所示。

单击"复制"按钮，在已有模板基础上添加新的风管类型。

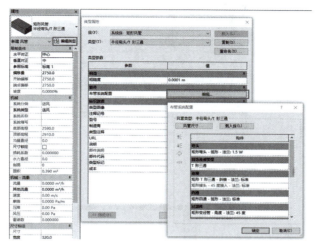

图 4-2-5　属性设置

单击"管件"列表中的"编辑"按钮，配置各类型风管管件族，指定绘制风管时自动添加到风管管路中的管件。

更改过程中，若构件下拉栏中没有相应的管件，则需要单击"布管系统配置"对话框中的"载入族"按钮，载入需要的连接件形式，如图 4-2-6 所示。

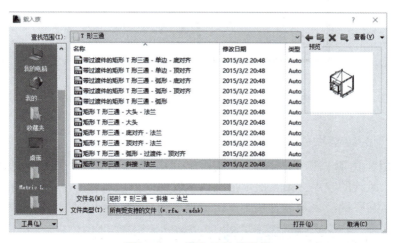

图 4-2-6　载入连接件形式

载入后，在"布管系统配置"对话框中更换管件，如图 4-2-7 所示。

编辑"标识数据"中的参数可为风管添加标识，如图 4-2-8 所示。

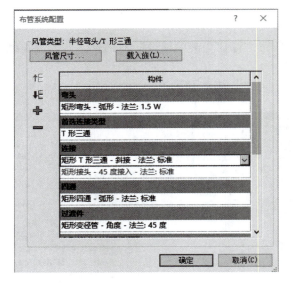

图 4-2-7　布管系统配置

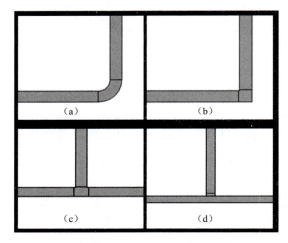

图 4-2-8　标识数据

（a）"半径弯头"的弯头连接；（b）"斜接弯头"的弯头连接；
（c）"T形三通"的支管连接；（d）"接头"的支管连接

3. 水平风管的绘制

单击"常用"选项卡下"HVAC"面板中的"风管"工具，风管的绘制需要两次单击，第一次单击确认风管的起点，第二次单击确认风管的终点。风管的尺寸值，在选项栏中写入宽度、高度，"偏移量"表示风管相距本楼层地面的高度，是相对值，如图 4-2-9 所示。

图 4-2-9　水平风管绘制

4. 立管的绘制

单击"风管"工具，或快捷键 DT，输入风管的尺寸值、标高值，绘制一段风管，然后输入变高程后的标高值。继续绘制风管，在变高程的地方就会自动生成一段风管的立管，立管的连接形式因弯头的不同而不同，图 4-2-10 所示为立管的两种形式。

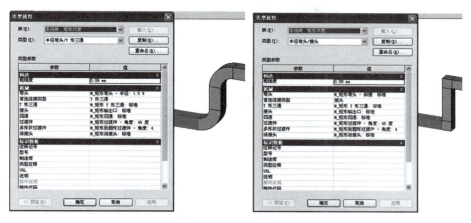

图 4-2-10　立管绘制

5. 风管三通、四通、弯头的绘制

管件的添加方法有三种：

（1）先绘制管件，再绘制风管。

（2）先绘制风管，再绘制管件，但需要调整风管的尺寸。

（3）先绘制一段风管，然后添加管件，调整管件各个口的管径，再继续绘制，这种绘制方法是大家以后常用的方法。

如图 4-2-11 所示的主风管，将其向上拖拽，直到支风管的中心线高亮显示时停止拖拽，并放开鼠标，则风管将自动生成三通将两段风管连接起来。

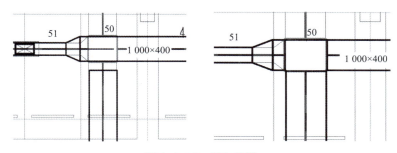

图 4-2-11　添加管件

（1）绘制标高相同的两风管相交时，其中一个风管上翻避让，如图 4-2-12 所示。绘制方法是先绘制一段风管，然后输入变高程后的标高值。继续绘制风管，在变高程的地方就会自动生成一段风管的立管。避让过竖向风管后还原高程为 3 300 继续绘制风管，同样在变程处自动生成风管弯头，如图 4-2-13 所示。

图 4-2-12　相交风管 CAD 图

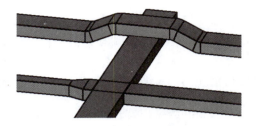

图 4-2-13　相交风管建模

（2）绘制转弯处风管连接，如图 4-2-14 所示。

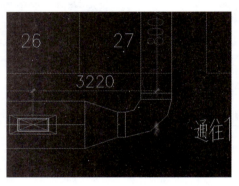

图 4-2-14　弯管 CAD 图

一般先绘制它的横向风管，再绘制它的纵向风管，拖动两风管断点至相交处，系统自动在转弯处生成风管连接，如图 4-2-15 所示。

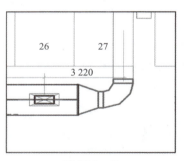

1.绘制横向风管

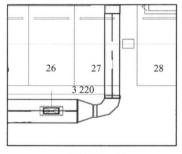

2.绘制纵向风管

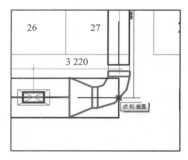

3.拖动断点至相交处

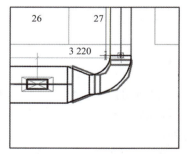

4.自动生产风管连接

图 4-2-15　弯管绘制步骤

四、风道末端的添加

单击"常用"选项卡下"HVAC"面板上的"风道末端"命令，自动弹出"放置风道末端装置"选项卡。在类型选择器中选择所需的单层百叶回风口以及双层百叶送风口，若项目中没有，则需要从本书自带的光盘中载入到项目中，所以需要载入这两个族，单击选项卡上"载入族"选项，选择所需族，单击"打开"按钮，载入成功，如图 4-2-16 所示。

在相应位置单击添加，则风口与风管自动连接起来。

图 4-2-16　风道末端添加

不同的风管设置的风口连接形式也不一样，这主要和风管的首选接头有关，风管接头设为 T 形三通，则风口与风管连接方式与图 4-2-16 不同。如图 4-2-17 所示，左侧为"半径弯头/T 形三通"连接，右侧为"半径弯头/接头"。

图 4-2-17　弯头连接

五、风管管件的添加

风管管件包括风阀、防火阀和软连接等，如图 4-2-18 所示。

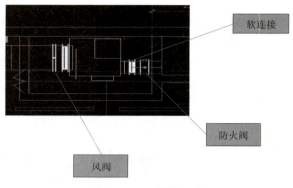

图 4-2-18　管件组成

单击"常用"选项卡下"HVAC"面板上的"风管附件"命令，自动弹出"放置风管附件"选项卡。在类型选择器中选择"风阀"，在绘图区域中需要添加风阀的风管合适位置的中心线上单击鼠标左键，即可将风阀添加到风管上，如图 4-2-19 所示。

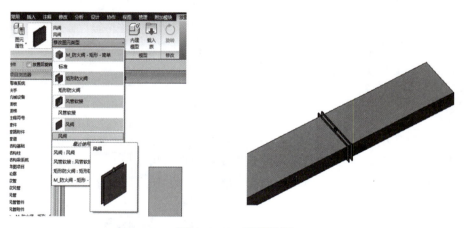

图 4-2-19　风阀绘制

注意：如果类型选择器中没有需要的风阀类型，可以从软件自带的族库中或个人族库中载入项目中使用。

与上述步骤相似，在类型选择器中选择"防火阀""软连接"，添加到合适的位置。

六、主要设备的添加及连接

1. 载入机组族

单击"插入"选项卡下"从库中载入"面板上的"载入族"命令，选择光盘中的机组族文件，单击"打开"按钮，将该族载入项目中。

2. 放置机组

单击"常用"选项卡下"机械"面板上的"机械设备"下拉菜单，在面板上的类型选择器中选择"机组"，然后在绘图区域机组所在合适位置单击鼠标左键，即将机组添加到项目中，如图 4-2-20 所示。选中该机组，选择"实例属性"，在"实例属性"对话框中可以修改机组的偏移值，以确定机组相对标高。

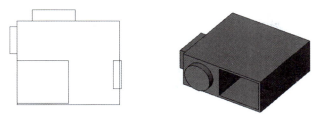

图4-2-20　机组绘制

单击选中机组，在图4-2-21中高亮显示圆点处单击鼠标右键，选择"绘制风管"选项，向下沿着风管的路径绘制一段风管，按照类似的操作，绘制其他风管。

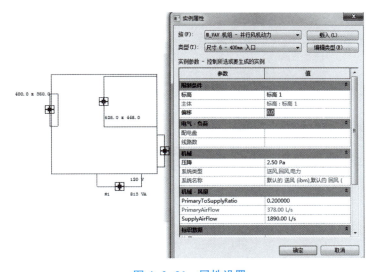

图4-2-21　属性设置

3. 添加送风机组

选中机组，按空格键，可以改变机组的方向。拖动竖向风管端点，连接到横向风管，系统会自动捕捉到焦点，松开鼠标左键则风管自动生成连接，如图4-2-22所示。

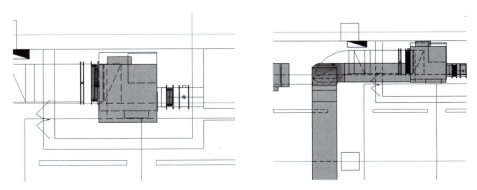

图4-2-22　送风机组绘制

4. 添加排风机

与放置机组不同，排风机放置方法是直接添加到绘制好的风管上，所以先绘制好风管再添加排风机。按 CAD 底图路径绘制风管，如图 4-2-23 所示。

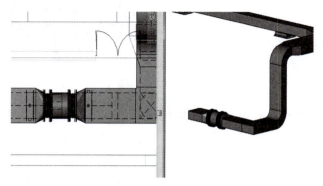

图 4-2-23　添加排风机

 知识拓展

常用 BIM 快捷键如表 4-2-1 所示。

表 4-2-1　常用 BIM 快捷键

序号	命令	快捷键
1	删除	DE
2	移动	MV
3	复制	CO
4	旋转	RO
5	定义旋转中心	R3
6	列阵	AR
7	镜像-拾取轴	MM
8	创建组	GP
9	锁定位置	PP
10	解锁位置	UP
11	对齐	AL
12	拆分图元	SL
13	修剪/延伸	TR
14	偏移	OF
15	在整个项目中选择全部实例	SA
16	重复上个命令	RC

续表

序号	命令	快捷键
17	匹配对象类型	MA
18	线处理	LW
19	填色	PT
20	拆分区域	SF

 学习任务单

填空题：

1. 对绘制风管步骤进行排序：_____、_____、_____、_____。

（1）选择风管类型。

（2）选择风管尺寸。

（3）指定风管偏移。

（4）指定风管起点和终点。

2. 在平面视图和三维视图中绘制风管时，可以通过"修改|放置风管"选项卡中的_____设置风管的对齐方式。单击_____，打开_____对话框。

3. 编辑风管时，单击绘图区域的某一管件，管件周围会显示一组管件控制炳，可用于_____、_____和进行_____。

4. 绘制转弯处风管连接，一般先绘制它的_____风管，再绘制它的纵向_____风管，拖动两风管_____至相交处，系统自动在_____处生成风管连接。

任务实施过程

以小组为单位完成科技路六楼风系统建模。项目图纸如图4-2-24所示。

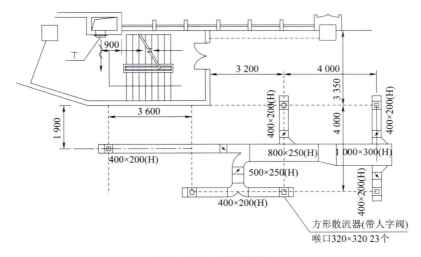

图4-2-24　项目图纸

一、新建项目文件

选择"新建"→"项目"选项，在"新建项目"对话框中，单击"确定"按钮，建立新项目。

二、导入 CAD

单击"插入"选项卡→"导入 CAD"选项，选择图纸文件"某科技楼六层空调通风平面图"。

三、绘制风管

（1）设置风管的参数。
（2）创建排风系统的主风管。
（3）绘制排风风管。

四、添加风机

（1）载入风机族。
（2）放置风机。

五、添加空调机组

（1）添加空调机组。
（2）添加静压箱。
（3）添加消声器。

六、添加风口

完成效果图如图 4-2-25 所示。

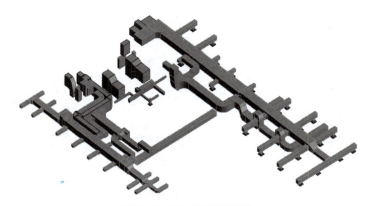

图 4-2-25 完成效果图

考核评价

学生完成学习情境的成绩评定将按学生自评、小组互评、教师评价三阶段进行，并按学生自评占 20%，小组互评占 30%，教师评价占 50% 作为学生综合评价结果。

考核项目	评分标准	分数	学生自评	小组互评	教师评价	小计
团队合作	与小组成员、同学之间能合作交流、协调工作	5				
信息咨询	效果良好	5				
安全生产	无安全隐患	10				
现场 7S	做到	10				
操作过程	任务完成	60				
劳动纪律	严格遵守	5				
创新意识	创新点	5				
总分	合计 100 分			得分		
教师签字：				年　　　月　　　日		

任务三　管线碰撞检查与调整优化

学习目标

（1）了解碰撞检查的流程及方法。
（2）能够使用 BIM 进行碰撞检查。
（3）能够填写碰撞检查报表。
（4）掌握管线优化的方法。

相关知识

一、碰撞检查简介

碰撞检查是 BIM 技术应用初期最易实现、最直观、最易产生价值的功能之一。当建立

BIM 模型之后，通过运行碰撞检查，不仅可以解决错综复杂的管道之间的碰撞问题，深化管道综合设计，还能通过检查与不同专业模型之间的碰撞提前预留孔洞，并指导施工。

二、碰撞类型

（1）两个实体间直接发生碰撞称为硬碰撞，是最常见的碰撞类型。

（2）两个实体间虽然发生碰撞，但是此类碰撞在一定条件下是被允许的，称为软碰撞。

（3）两个实体物理上并没有直接碰撞，但是间距不满足施工要求的碰撞称为间隙碰撞。

（4）两个完全相同的实体在空间上完全重合，称为重复项碰撞。

三、碰撞检查的原则

（1）自上而下的顺序一般为：电→水、电。

（2）管线发生冲突需要调整时，以不增加工程量为原则。

（3）对已有一次结构预留孔洞的管线，应尽量减少位置的移动。

（4）与设备连接的管线，应减少位置的水平及标高位移。

（5）布置时考虑预留检修及二次施工的空间，尽量将管线提高，与吊顶间留出尽量多的空间。

（6）在保证满足设计和使用功能的前提下，管道、管线尽量暗装于管道井、电井、管廊、吊顶内。

（7）要求明装的尽可能将管线沿墙、梁、柱的走向敷设，最好是成排、分层敷设布置。

四、碰撞检查流程

应用 BIM 进行冲突监测及三维管线综合的操作流程如图 4-3-1 所示。

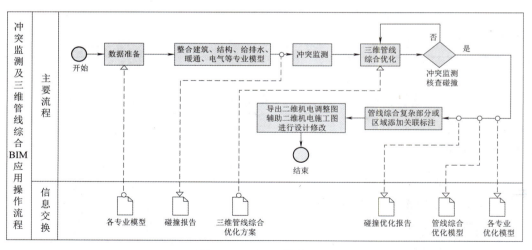

图 4-3-1　BIM 操作界面

1. 单专业碰撞检查

建筑工程涉及五大类别的专业：建筑、结构、给排水、暖通、电气。首先要按照上述 4 类碰撞类型各专业进行单专业内部的碰撞检查，类似于"自查"。单专业碰撞检查相对简单，检查完可输出报告。

2. 多专业碰撞检查

多专业碰撞检查较为复杂，涉及所有专业的所有碰撞问题，是模型优化的基础，对整个项目的深化设计有至关重要的作用。图 4-3-2 和图 4-3-3 所示分别为给排水与暖通专业硬碰撞检查设置和检查报告。

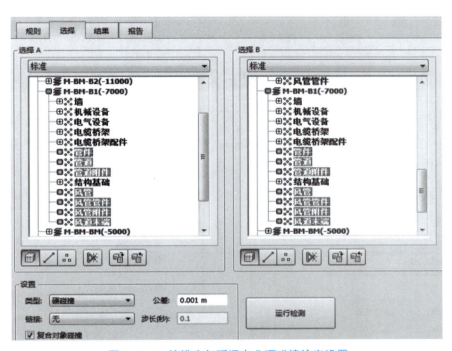

图 4-3-2　给排水与暖通专业硬碰撞检查设置

AUTODESK® NAVISWORKS®　碰撞报告

建筑结构碰撞

图像	碰撞名称	网格位置	碰撞点	项目 1		项目 2	
				项目 ID	图层	项目 ID	图层
	碰撞 1	E-3：地下室基础底标高	x:7.149、y:31.700、z:-4.410	元素 ID：827984	地下一层	元素 ID：1698507	地下室基础底标高
	碰撞 2	D-4：非地下室基础底标高	x:9.924、y:21.650、z:-2.090	元素 ID：326569	地下一层	元素 ID：1720331	地下室基础底标高
	碰撞 3	E-3：地下室基础底标高	x:7.601、y:31.971、z:-4.410	元素 ID：827984	地下一层	元素 ID：1680770	地下室基础底标高

图 4-3-3　硬碰撞检查报告

五、碰撞检查方法

第一步：在"建模大师（机电）"菜单选项卡中单击"碰撞检查"按钮，如图4-3-4所示，弹出操作对话框。

图4-3-4 "建模大师（机电）"选项卡

第二步：在弹出的对话框中设置检测范围、检测规则、是否需要进行实时监控等，如图4-3-5和图4-3-6所示。

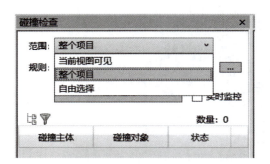

图4-3-5 "碰撞检查"对话框

图4-3-6 "检测规则"对话框

第三步：设置完毕之后，即可单击"运行检测"按钮，软件会自动根据设置对模型碰撞点进行检测，如图4-3-7所示。

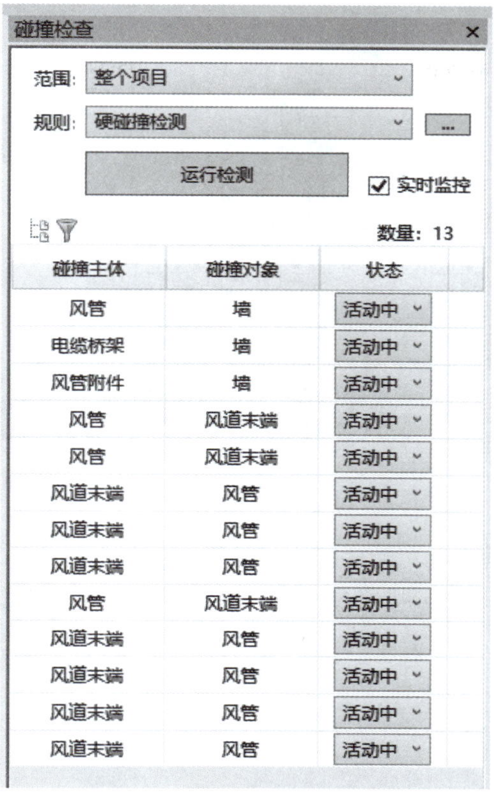

图 4-3-7 "碰撞检查"对话框

第四步：针对检测后的构件，双击可直接切换至构件修改界面，同时如果先前勾选了"实时监控"功能，修改完毕后，在碰撞列表中，此项也会自动消除，如图 4-3-8、图 4-3-9 所示。

图 4-3-8 构件修改界面一

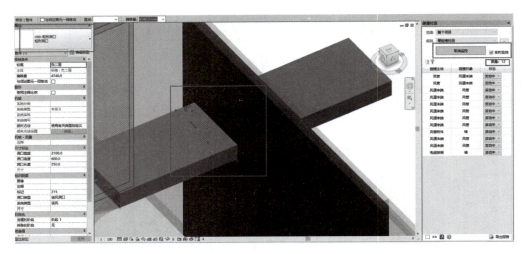

图 4-3-9　构件修改界面二

（碰撞点修改后，软件自动将此碰撞点过滤完毕，仅保留为修改碰撞点。）

第五步：软件不仅支持上述功能，同时还支持导出碰撞报告功能，软件会自动生成 Word 文档形式碰撞报告，并附平面及三维截图，如图 4-3-10、图 4-3-11 所示。

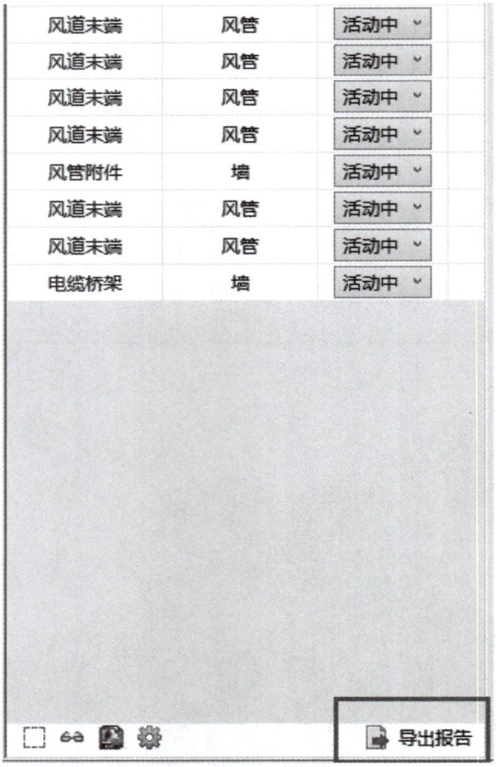

风道末端	风管	活动中 ∨
风道末端	风管	活动中 ∨
风道末端	风管	活动中 ∨
风道末端	风管	活动中 ∨
风管附件	墙	活动中 ∨
风道末端	风管	活动中 ∨
风道末端	风管	活动中 ∨
电缆桥架	墙	活动中 ∨

导出报告

图 4-3-10　构件修改界面

碰撞检查报告　硬碰撞检查					
编号	状态	碰撞主体	碰撞构件	轴网位置	碰撞类型
1	活动中	风管	风道末端		硬碰撞检查
问题图示					
			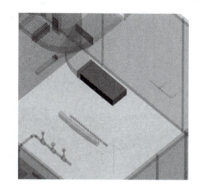		
平面位置			空间位置		
备注：					

图 4-3-11　碰撞检查报告

　操作说明

　　现在软件不仅支持当前模型中的碰撞检查，同时支持链接模型，以及创建剖面框、隔离碰撞构件等功能。

【科技创新】**BIM 应用实例**

"中国建造典范"——上海佘山世茂深坑酒店

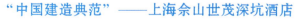

　　上海世茂"深坑酒店"位于上海佘山国家旅游度假区核心位置，总建筑面积 62 171.9 m²，建筑格局为地上 2 层、地下 16 层、水下 2 层。酒店的每间客房均设置观景阳台，可近距离观赏对面百米飞瀑，在水中情景房与鱼类比邻而居，体验住在深坑之下、前所未见的奇幻之旅。

知识拓展

　　传统暖通二维设计成果通常包括各系统平面图、设计说明、计算书等。不同的设计院有不同的制图标准，如图例绘制、系统颜色标准、系统命名方式、管径标高、风口数量、设备类型等，这些都需要其他参与方一一对照各专业的设计说明进行查询，而且在制图环节由于二维线条表达的局限性，很多复杂部位的管线交叠严重，即使有对应详图也只能表达有限剖面，对于十分密集的管线区域，只能拆解成数张图纸进行设计表达，有些信息标注不明确，如风管高度标注是以底高度还是以顶高度未进行说明等造成无法全面有效地展示设计人员的设计内容，增加设计信息交流的传递效率。管线碰撞设计如图 4-3-12 所示。

图 4-3-12　管线碰撞设计

 学习任务单

识图题：
将碰撞检查流程填入图 4-3-13 中。

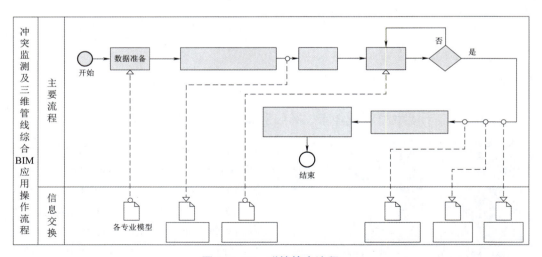

图 4-3-13　碰撞检查流程

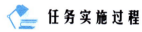 **任务实施过程**

对任务二中建立的风系统模型进行碰撞检查，并输出碰撞检查报告，填写碰撞报告和净高检查报告（表4-3-1和表4-3-2），进行系统优化。

表4-3-1　碰撞报告

位置			图元ID			专业		问题编号	
记录时间		报告编号		类型分类		回复时间		回复人	
记录人		图纸							
问题描述									
优化意见									
二维图纸				三维图纸					

表4-3-2　净高检查报告

位置		专业		编号	
楼层		图元ID		记录时间	
图名					
业主净高要求					
二维					
三维					
问题情况					
回复意见					

考核评价

学生完成学习情境的成绩评定将按学生自评、小组互评、教师评价三阶段进行，并按学生自评占 20%，小组互评占 30%，教师评价占 50% 作为学生综合评价结果。

考核项目	评分标准	分数	学生自评	小组互评	教师评价	小计
团队合作	与小组成员、同学之间能合作交流、协调工作	5				
信息咨询	效果良好	5				
安全生产	无安全隐患	10				
现场 7S	做到	10				
操作过程	任务完成	60				
劳动纪律	严格遵守	5				
创新意识	创新点	5				
总分	合计 100 分			得分		

教师签字：　　　　　　　　　　　　　　　　　　　年　　月　　日

任务四　管件预制加工

学习目标

（1）掌握管件装配式预制加工的模型创建方法。

（2）掌握管件模型分段、编号、输出加工图纸的操作。

相关知识

目前建筑行业机电设备安装工程中暖通风系统大多采用法兰连接工艺，消防泵房、冷冻机房、水泵房等大多采用法兰或卡箍连接方式等成熟工艺，与 BIM 技术结合起来，工厂化预制和现场流水作业安装，做到综合管线布局合理，环境、材料信息数据精准化，预制、安装工艺流程标准化，无论是在工程质量、施工成本还是在工作效率等方面，都将会产生一个质的飞跃，其市场开发、推广、应用有着广阔的前景。管件预制流程如图 4-4-1 所示。

图 4-4-1　管件预制流程

一、风管建模程序

目前在 BIM 结合装配式机房的技术领域，机房设备及管道的装配式安装已起步，下一阶段将实现机电管井、卫生间、公共管廊等的装配式安装。预制装配过程需要根据图纸及现场实际情况进行模块拆分、制作标准件、异型件提前拆分预制，最终实现建筑设备的全面装配，节约工期和成本。风管预制装配式 BIM 应用流程如图 4-4-2 所示。

图 4-4-2　风管预制装配式 BIM 应用流程

二、风管模型分段

（1）了解风管管段材质及长度规格，按此长度规格对风管进行拆分。

（2）在平面视图中，进入"修改"选项卡，选择"拆分图元"选项对风管进行分段，如图 4-4-3 所示。

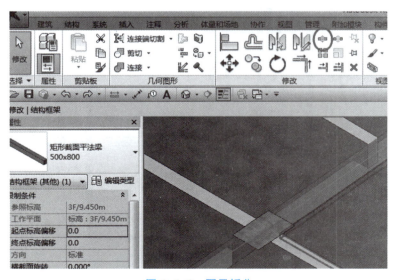

图 4-4-3　图元拆分

（3）将鼠标指针移至需要分段的管线，此时会出现临时标注尺寸，可利用临时尺寸对拆分的长度进行调整及查看，例如按每段 1 250 mm 的长度对风管进行拆分，完成分段后的效果如图 4-4-4 所示。

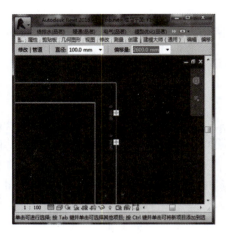

图 4-4-4　拆分过程及效果

三、风管分段编号

（1）新建一个风管标记族，将"注释"添加到标签参数中。完成后保存该族，族名称可为"风管分段编号"，并载入项目中。

（2）选择需要编号的管段，在"属性"选项板中"注释"选项中填入对应的管段编号，其他管段依次填入，如图 4-4-5 所示。

图 4-4-5　"管段编号"对话框

（3）进入"注释"选项卡，选择"全部标记"选项，进入"标记所有未标记的对象"

对话框，在"风管标记"中选择刚刚载入的"风管分段编号"，单击"确定"按钮，如图 4-4-6 所示。标注完成效果如图 4-4-7 所示。

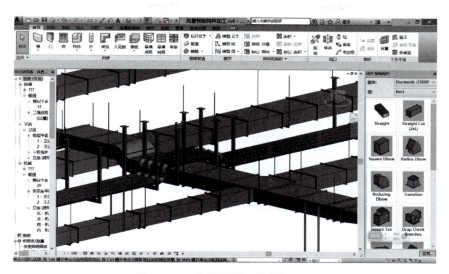

图 4-4-6 构件分解、构件加工图

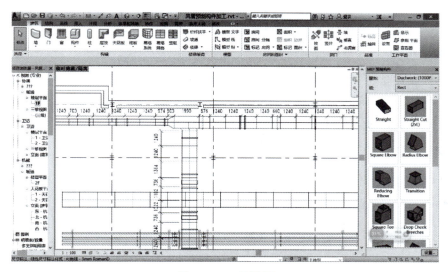

图 4-4-7 效果图

四、输出结果

加工图纸中包含对预制分段进行详细的管段编号及加工长度定位等信息。加工工厂根据预制风管加工下料图、风管管件加工图等进行准确加工。风管加工清单如图 4-4-8 所示。

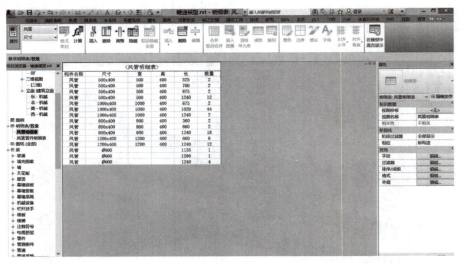

图4-4-8　风管加工清单

 知识拓展

管线工厂化预制推广优势

一、管线优化排布

提出管线综合排布方案，消除碰撞点，解决"错、漏、碰、缺"的问题；同时亦可合理调整各管线的走向、标高及管件、阀门的位置等，整体优化综合管线的布局，使之更加整齐美观、方便安装、便于操作。

二、保证施工质量

工厂化预制是在固定的场所集中进行流水线化、标准化加工，工厂化预制不受场地、交叉施工、材料等环境元素的制约和干扰，从而掌控质量控制过程。

BIM模型建立、管线布置方案的优化到加工预制管件信息数据全过程精度管理，结合先进的连接工艺，从而保证施工质量得到有效控制。

三、提高工效，降低成本

基于BIM技术的信息化、智能化管理，可以做到信息共享，更加有效地实时了解工程进度；精确进行成本预测分析和成本纠差，实施成本控制。

BIM模型中可以精准地统计材料的分类、需求数量等信息，为材料的采购、预制下料等提供方便。

工厂化预制人工、材料节约，预制加工人员相对固定、材料集中管理，方便质量、进度、管理的协调和控制，现场安装的人员少，安装工序简单、便捷，真正做到了"多、快、好、省"，既降低了成本，又提高了效率。

四、有利于施工管理

工厂化预制加工和现场安装，预制加工厂集中化进行文明施工与安全管理，发生安全事故的不定因素减少，现场施工垃圾减少60%。

现场安装仅需要扭矩扳手、倒链和脚手架，施工组织方便。不需要配备复杂的电源电缆、切割机具、焊接机及氧气和乙炔气瓶等，降低了施工组织的复杂性，消除了漏电和火灾的危险隐患。

安装工序更加程序化、标准化，更加简单、明了、便捷，可避免需要长时间的高强度高空作业，减小了发生生产安全事故的概率。

 学习任务单

识图题：

思考风管BIM建模流程，填入图4-4-9中。

图 4-4-9　风管 BIM 建模流程

 任务实施过程

按照风管BIM建模流程对任务三中风系统管路进行预制加工，并输出明细及加工图。

考核评价

学生完成学习情境的成绩评定将按学生自评、小组互评、教师评价三阶段进行，并按学生自评占20%，小组互评占30%，教师评价占50%作为学生综合评价结果。

考核项目	评分标准	分数	学生自评	小组互评	教师评价	小计
团队合作	与小组成员、同学之间能合作交流、协调工作	5				
信息咨询	效果良好	5				
安全生产	无安全隐患	10				
现场7S	做到	10				
操作过程	任务完成	60				

续表

考核项目	评分标准	分数	学生自评	小组互评	教师评价	小计
劳动纪律	严格遵守	5				
创新意识	创新点	5				
总分	合计 100 分		得分			
教师签字:					年　　月　　日	

任务五　虚拟施工

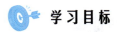 学习目标

 相关知识

一、虚拟施工的概述

虚拟施工（Virtual Construction，VC），是实际施工过程在计算机上的虚拟实现。它采用虚拟现实和结构仿真等技术，在高性能计算机等设备的支持下群组协同工作。通过 BIM 技术建立建筑物的几何模型和施工过程模型，可以实现对施工方案进行实时、交互和逼真的模拟，进而对已有的施工方案进行验证、优化和完善，逐步替代传统的施工方案编制方式和方案操作流程。

二、施工模拟

（1）打开"TimeLiner"选项卡，显示界面如图 4-5-1 所示。

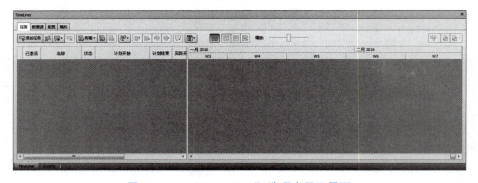

图 4-5-1　"TimeLiner"选项卡显示界面

（2）在"任务"选项卡下单击"添加任务"按钮，修改名称如图4-5-2所示。

按需求在计划开始和计划结束下添加需要的时间。如图4-5-2所示，若进度计划时间需调整也可在此位置调整。

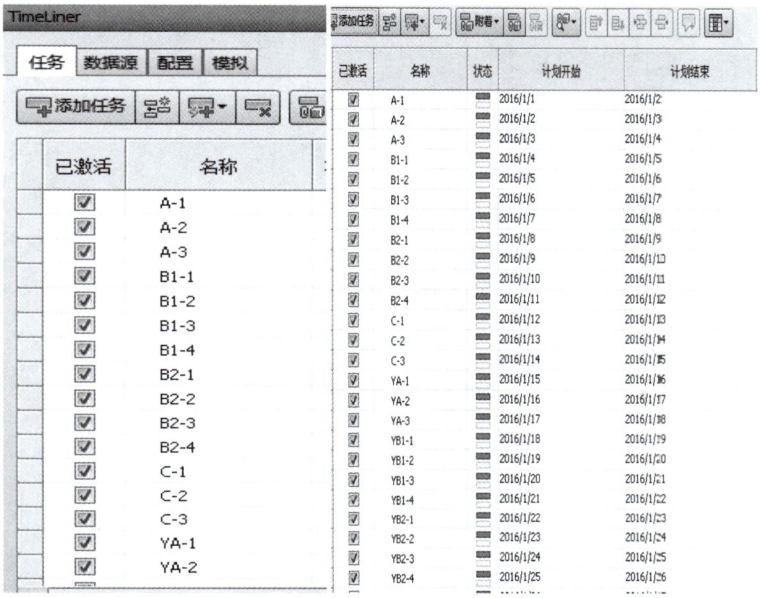

图 4-5-2 "TimeLiner"任务界面

附着当前所需要显示的集合，用于在该时间阶段显示。在任务类型下选择"构造"选项，在"模拟"选项下单击"开始"按钮开始施工模拟。此外在"任务"选项下可以附着对象动画、材料费、人工费、机械费、注释等信息。单击"列"按钮将弹出添加所需任务列。"TimeLiner"任务界面如图4-5-3所示。

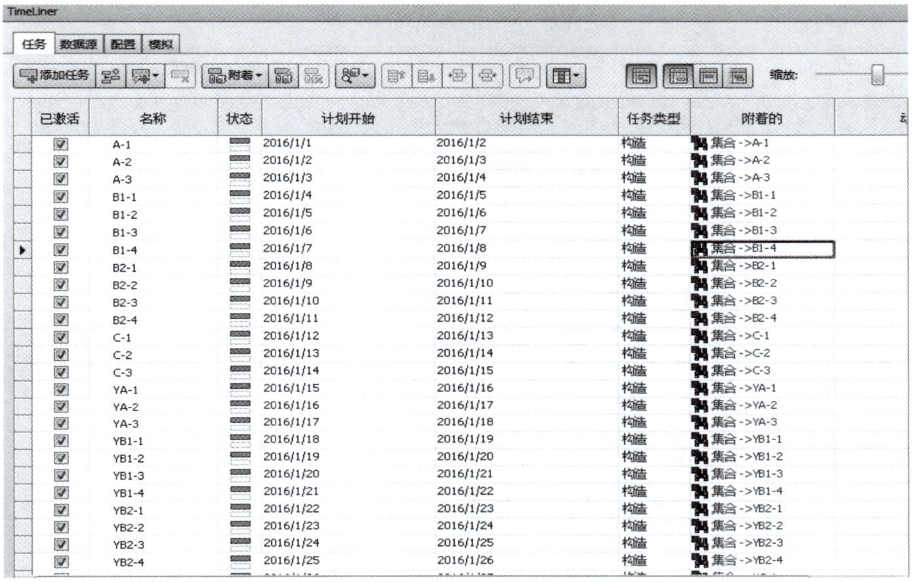

图 4-5-3 "TimeLiner"任务界面

空调工程智能化施工与运行管理

在"配置"选项卡下可以定义模拟时模型的开始、结束、延后的模型外观颜色，用于区分模型，同时可以定义新的任务类型配置和外观，如图 4-5-4 所示。

图 4-5-4　"配置"选项卡

在"模拟"选项卡下，单击"设置"按钮弹出如图 4-5-5 所示对话框。在此窗口下可以设置施工模拟的开始时间、结束时间，时间间隔大小、动画持续时间以及视图中显示的是计划时期的施工模拟还是实际时间的施工模拟。施工模拟图如图 4-5-6 所示。

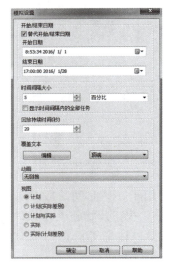

图 4-5-5　"模拟设置"对话框

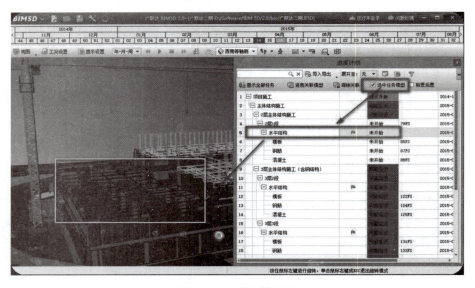

图 4-5-6　施工模拟图

198

三、漫游展示

三维模型下的漫游动画展示，是对模型场景的虚拟仿真，可以用于项目前期招投标阶段的效果展示，能够非常有效地反映设计意图和建筑物建成后的真实效果。也可以用于项目的宣传，如项目的展示区还没有建成时，可以让业主提前感受产品，对产品有身临其境的感觉。图 4-5-7 所示为漫游展示示意图。

图 4-5-7　漫游展示示意图

 知 识 拓 展

如何制作出高大上的工程施工进度模拟动画？

第一步做的其实是"设计构思，编写脚本"。即构思制作思路、制作方向，做之前要充分做好脚本规划和设计，即动画脚本，需要制定好所表现的主体，设计好分镜头及每个镜头的表现手法，策划好特效的制作方案，这样有利于建筑动画后期的制作，也有利于团队的分工合作。

然后施工动画用 3D Max 或者 SketchUp 或者其他软件建模完成，将摄影机的动画按照脚本的设计和表现方向调整好，并结合房地产建筑动画配乐进行预演制作。

施工动画预演完成后，为模型赋材质，再设灯光。灯光对整个动画的效果至关重要，会直接影响到整个动画的真实效果和视觉效果，这也是一个相当复杂的制作和调整过程。

然后就是施工动画场景渲染，动画渲染最大的问题就是渲染太慢，不过一般结合网渲"渲染101"动画渲染农场，节约成本且可快速渲染出结果，大大节约了时间，提高了劳动效率。

经过贴图灯光调整后，还要通过渲染才能把场景模型转化为视频或图像。渲染器的选择对渲染输出的图像质量有关键性的影响，选择不同的渲染器对模型制作、表面材质、灯光设置等也具有不同的要求。

施工动画从三维软件中渲染出来后，需要在后期软件中调色以及增加特效，使画面更有冲击力。

 ## 学习任务单

填空题

1. 在"任务"选项卡下，可以附着＿＿＿＿、＿＿＿＿、＿＿＿＿、＿＿＿＿、＿＿＿＿等信息。

2. 在"配置"选项卡下，可以定义模拟时模型的＿＿＿＿、＿＿＿＿、＿＿＿＿的模型外观颜色。

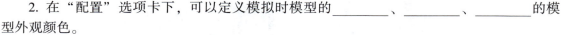 ## 任务实施过程

以小组为单位，对任务三中的风系统进行施工模拟，并输出动画。

 ## 考核评价

学生完成学习情境的成绩评定将按学生自评、小组互评、教师评价三阶段进行，并按学生自评占20%，小组互评占30%，教师评价占50%作为学生综合评价结果。

考核项目	评分标准	分数	学生自评	小组互评	教师评价	小计
团队合作	与小组成员、同学之间能合作交流、协调工作	5				
信息咨询	效果良好	5				
安全生产	无安全隐患	10				
现场7S	做到	10				
操作过程	任务完成	60				
劳动纪律	严格遵守	5				
创新意识	创新点	5				
总分	合计100分			得分		
教师签字：				年　　月　　日		

任务六　BIM 运维管理

 **学习目标**

（1）了解暖通空调系统运维管理的重要性。

（2）能够运用 BIM 对暖通空调系统进行运维管理。

相关知识

一、BIM 运维管理简介

BIM 运维管理是基于竣工模型的后期应用，BIM 运维系统集成了很多信息，如厂家信息、竣工信息、维护信息等。BIM 运维管理主要包含空间协调管理，如租户管理、空间定位安保人员信息等；还包括设备设施管理，主要体现在设施的装修、空间规划和维护操作等；其次至关重要的是隐蔽工程管理，能够管理复杂的地下管网；并且能够实现对于紧急情况的模拟，在出现紧急情况时实现各个系统联动；此外，通过 BIM 模型还能更加便捷直接地实现对于能耗的监测与分析节能降耗。

二、BIM 运维管理应用

1. 模型导入

将土建、结构及机电全专业部分施工初期建立好的相关模型输入、整合到 Revit 模型中，如图 4-6-1 所示。

图 4-6-1　建筑整体模型

待项目的建筑结构部分、机电全专业部分、装饰装修部分全部完成，正式投入使用时，将项目的 Revit 模型输出为 FDB 格式，然后将该格式的文件导入 Citymaker Builder 中，进行数据的整理、分析和运维管理。图 4-6-2 中所示为整体模型导入运维软件中。

图 4-6-2　整体模型导入运维软件中

2. 大型设备监控与定位

在 Citymaker Builder 中可以达到可视化资产信息管理、可视化资产监控、查询、定位管理等应用。在项目中，可以通过"查询"功能查到暖通空调系统中任何一件机械设备的数量和位置。如图 4-6-3 所示，查询"吊顶式空调机组"的数量和位置时，只需在弹出的"查询"对话框中选择想要查询的机组名称，就可以查到该项目暖通空调系统中吊顶式空调机组的数量和位置，当点中其中一个设备的信息时，模型会自动定位到该机组的地点，软件操作者便可以调出该设备的所有信息以及可以在建筑信息模型中查看到该设备与其他管道的连接关系，以方便操作者根据模型完成设备查询等基本应用。

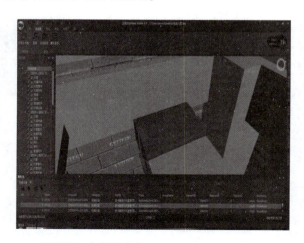

图 4-6-3　大型设备查询及定位

3. 意外发生时相关区域的整体监控与定位

在 Citymaker Builder 中，可以随意查看隐蔽处如吊顶上、地下等的管道排布情况，当建筑发生火灾时，不仅可以利用建筑信息模型进行模拟演练，导出人群疏散的模拟动画，还可以在最短的时间内查到火灾处的暖通空调系统总阀门，关闭阀门进行火灾消防，力争将损失降到最低，如图4-6-4、图4-6-5所示。

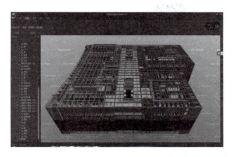 

图4-6-4　意外发生时相关区域的整体监控与定位

图4-6-5　意外发生时相关区域定位

 知识拓展

BIM智慧楼宇运维管理平台

通过3D数字化技术，为运维管理提供虚拟模型，基于设计、施工阶段所建立的机电设备BIM模型，创建机电设备全信息数据库，用于信息的综合存储与管理。综合运用BIM、物联网、互联网、大数据等技术，集成环境监控、设备监控、预警提醒、安全防范、能耗管理、设备设施管理以及空间资产与租赁管理等，实现工程项目在运营阶段全方位、全过程、多维度、可视化的有效管控，促进管理向标准化和精细化提升。

 学习任务单

填空题

1. 待项目的＿＿＿＿＿＿部分、＿＿＿＿＿＿部分、＿＿＿＿＿＿部分全部完成，正式投入使用时，

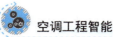

将项目的 Revit 模型输出为_____格式，然后将该格式的文件导入 Citymaker Builder 中，进行数据的整理、分析和运维管理。

2. 在项目中，可以通过_____功能查到暖通空调系统中任何一件机械设备的数量和位置。

任务实施过程

利用 BIM 运维管理平台，查询风系统中三种主要设备的数量和位置，填入表 4-6-1 中。

表 4-6-1　设备数量和位置

设备名称	数量	位置	截图

考核评价

学生完成学习情境的成绩评定将按学生自评、小组互评、教师评价三阶段进行，并按学生自评占 20%，小组互评占 30%，教师评价占 50% 作为学生综合评价结果。

考核项目	评分标准	分数	学生自评	小组互评	教师评价	小计
团队合作	与小组成员、同学之间能合作交流、协调工作	5				
信息咨询	效果良好	5				
安全生产	无安全隐患	10				
现场 7S	做到	10				
操作过程	任务完成	60				
劳动纪律	严格遵守	5				
创新意识	创新点	5				
总分	合计 100 分			得分		
教师签字：				年　　月　　日		

参 考 文 献

［1］应仁仁，王伟，王强，等. BIM 技术应用实务［M］. 北京：机械工业出版社，2023.
［2］余克志. 制冷空调施工技术［M］. 北京：机械工业出版社，2023.
［3］赵继洪. 多联机空调安装与维修［M］. 北京：机械工业出版社，2022.